中国合同节水管理理论与实践

Theory and Practice of Water Saving Management Contract in China

哈明虎 等 著

2020年国家社会科学基金后期资助项目（项目批准号：20FGLB023）

科学出版社
北 京

内 容 简 介

本书首先阐述了在中国推行合同节水管理的产生背景，展望了中国合同节水管理的发展前景，梳理了合同节水管理的相关理论与方法，探究了合同节水管理的内涵、运行机制、运行模式等基础理论。其次，通过案例探索，分析了合同节水管理的成效、经验借鉴和存在的不足。再次，研究了合同节水管理的利益分配和风险评价问题，分析了中国合同节水管理的节水潜力和市场资本需求。最后，提出了中国合同节水管理的政策支持路径。

本书可为各级政府及其水资源管理部门、广大节水企事业单位，以及水资源与水环境管理相关领域的研究和工作人员提供参考和借鉴，也可作为高校水利类、市政类与管理类相关学科专业研究生、本科生的教材或教学参考书。

图书在版编目（CIP）数据

中国合同节水管理理论与实践/哈明虎等著. —北京：科学出版社，2021.12

ISBN 978-7-03-063797-0

Ⅰ. ①中… Ⅱ. ①哈… Ⅲ. ①节约用水-经济合同-研究-中国 Ⅳ. ①TU991.64

中国版本图书馆 CIP 数据核字（2019）第 280586 号

责任编辑：陶 璇 / 责任校对：贾娜娜
责任印制：张 伟 / 封面设计：无极书装

科学出版社 出版
北京东黄城根北街 16 号
邮政编码：100717
http://www.sciencep.com
北京中石油彩色印刷有限责任公司 印刷
科学出版社发行 各地新华书店经销
*
2021 年 12 月第 一 版 开本：720 × 1000 1/16
2021 年 12 月第一次印刷 印张：14
字数：250 000

定价：138.00 元

（如有印装质量问题，我社负责调换）

国家社科基金后期资助项目
出版说明

后期资助项目是国家社科基金设立的一类重要项目，旨在鼓励广大社科研究者潜心治学，支持基础研究多出优秀成果。它是经过严格评审，从接近完成的科研成果中遴选立项的。为扩大后期资助项目的影响，更好地推动学术发展，促进成果转化，全国哲学社会科学工作办公室按照“统一设计、统一标识、统一版式、形成系列”的总体要求，组织出版国家社科基金后期资助项目成果。

全国哲学社会科学工作办公室

序

我很高兴看到哈明虎教授等的研究成果《中国合同节水管理理论与实践》即将在科学出版社出版，在此向他们表示祝贺。

2014 年 3 月 14 日，习近平在中央财经领导小组第五次会议上提出“节水优先、空间均衡、系统治理、两手发力”的思路[①]，水利部综合事业局于 2014 年率先提出了合同节水管理思想，与河北工程大学共同提炼出“募集社会资本+集成先进适用节水技术+对目标项目进行节水技术改造+建立长效节水管理机制+分享节水效益”的新型市场化节水商业模式，为加强水资源节约、保护和利用建立了一套行政管理与市场行为紧密结合的服务机制，从而为我国节水管理开创了一条创新之路。合同节水管理也先后列入了中央“十三五”规划建议和国家“十三五”规划纲要。

哈明虎教授团队近年来主要从事水资源、水环境联合模拟及综合管理、智能节水的水资源高效利用技术等领域的教学与研究工作。该团队负责的水利部综合事业局高校合同节水管理试点项目（全国首所高校），有效集成了节水的诸多要素，形成了优化、适用的节水管理系统，构建了合同节水管理的市场化模式体系，探索出了一条完整的高校合同节水管理项目的实施路径，取得了可借鉴推广的成功经验和显著的经济效益、社会效益与生态效益，在社会各界引起了强烈反响。2017 年，河北工程大学合同节水成果亮相中共中央宣传部牵头主办的“砥砺奋进的五年”大型成就展。《人民日报》《光明日报》《中国水利报》及中央广播电视总台等各大媒体报道了河北工程大学合同节水管理的成功经验。

尽管当前国内外对合同节水管理进行了初步探究，并取得了一些成果，但由于研究时间较短，因此对于该领域研究仍处于起步阶段。在此背景下，该书对合同节水管理进行了深入细致的研究。首先，该书通过对合同节水管理的产生背景、发展概况、发展前景和相关理论的分析，深刻揭示了合同节水管理的内在作用机理，拓展和深化了合同节水管理的基础理论。其次，通过对国内外不同模式合同节水管理的实践案例进行探索分析，

① 中共中央文献研究室. 习近平关于社会主义生态文明建设论述摘编. 北京：中央文献出版社，2017：53-54.

总结了合同节水管理的成效、经验借鉴和存在的不足，为我国合同节水管理的发展提供了经验借鉴。再次，针对合同节水管理的利益分配方式、风险评价、节水潜力和市场资本需求缺乏深入的定量分析等问题，构建了合同节水管理的利益分配和风险评价模型，测算了我国的节水潜力和节水市场资本需求，为合同节水管理的推广奠定了理论基础。最后，提出了在我国实施和推广合同节水管理的政策支持路径。总之，该书内容丰富，结构清晰，给人留下了深刻的印象。

由于关于合同节水管理的研究成果比较薄弱，因此该书对合同节水管理的理论与实践进行深入研究就非常具有必要性和现实性。该书提出的合同节水管理的发展路径，对探寻我国合同节水管理发展的新思路具有很强的实用价值。目前，我国有 3000 余所高等学校和众多集中用水机构，节水市场潜力巨大，合同节水管理应用前景广阔。因此，该书具有重要的理论价值和广泛的应用价值。

该书书稿在经过几度修改后即将付梓。诚如作者所言，书中还有需要进一步斟酌完善之处，但整体而言，瑕不掩瑜。该书是一部水资源管理领域的力作，我对这部专著能及时出版表示由衷的期盼与赞许。

是为序。

王浩

中国水利水电科学研究院
中国工程院院士

2020 年 3 月

前　言

水是生命之源、生产之要、生态之基。我国现在是世界上水资源短缺的国家之一，约有 2/3 的城市面临着不同程度的水资源短缺问题，其中 110 个城市属于水资源严重短缺地区，年缺水量高达 60 亿 m^3，而水资源短缺和浪费现象严重是现阶段我国存在的主要问题。因此，节约用水就是缓解水资源紧缺和浪费、实现国民经济和社会持续健康发展的重要举措。

水资源不仅是基础性自然资源和战略性经济资源，更是体现综合国力的决定性资源。同时，我国经济的快速发展、生态环境的改善都与水资源息息相关。因此，为缓解水资源短缺、优化产业结构和促进经济的可持续发展，就要加快推进节约用水制度、加强水资源管理和优化水资源配置。2014 年 3 月 14 日，习近平在中央财经领导小组第五次会议上提出了“节水优先、空间均衡、系统治理、两手发力”的思路，为我国节水管理提供了战略上的指导。在此背景下，合同节水管理应运而生。合同节水管理是结合政府与社会的力量，为推进水的节约、保护和利用而建立的一套符合市场机制的节水服务体系。中共中央、国务院高度重视合同节水管理工作，明确要求把节约水资源作为保护生态环境的根本之策，加强水资源的循环利用，建设节水型社会，并将合同节水管理列入中央“十三五”规划建议、国家“十三五”规划和国家“十四五”规划。因此，在我国大力推行合同节水管理具有非常重要的现实性和紧迫性。

水利部坚决贯彻落实中共中央、国务院的决策部署，在水利部综合事业局的积极推动下，自 2015 年，北京国泰节水发展股份有限公司和河北工程大学等单位共同实施了合同节水管理试点项目。在投融资、技术集成与运用、节水利益分配、节水工程后期运行等各个环节，严格按照预定的节水合同进行管理，节水量、节水效益和运行情况均达到了预期效果，合同节水管理实践成效显著。实践表明，合同节水管理模式可以最大限度地吸引社会资本投入节水事业，促进节水服务产业的良性发展；有利于建立节水长效运行管理机制，促进用水方式的转变；也有利于推广应用先进的节水技术与产品、提高用水效率、降低污水排放量和改善生态环境。

合同节水管理为社会资本投入节水改造提供了有效激励，满足了社会资本的趋利性要求，从而可以大规模地吸引社会资本进入节水领域。节水服务企业通过系统集成先进的节水技术、产品和工艺，有效地缓解了节水技术、产品、工艺高度分散与节水技术系统性改造要求的矛盾，从而为大规模运用市场机制，推广应用先进节水技术提供了重要手段；同时，“先改造、见成效、再付费”的投资模式缓解了用水单位的投资压力，签订经济合同的方式解决了项目的节水效果和运行管护经费问题，疏通了节水技术改造的资金渠道。合同节水管理还可以最大限度地调动用水单位节水技术改造的积极性，从根本上保证节水管理长效机制的真正落地。因此，大力推行合同节水管理是运用市场机制促进节水工作的有力举措和有效途径，是培育战略性新兴产业、发展壮大节水服务产业和形成新的经济增长点的迫切要求，是建设资源节约型和环境友好型社会的客观需要。

近年来，国内外研究者已经开始着手研究合同节水管理领域的相关问题，其中，郑通汉于2016年出版了《中国合同节水管理》一书，书中提出了合同节水管理的模式，并结合河北工程大学合同节水管理等试点实践，对中国合同节水管理理论与实践进行了首次系统论述。

《中国合同节水管理》一书侧重于实践与政策层面上的论述，本书主要侧重于中国合同节水管理理论的研究，理论得到实质性升华，同时也加强了对实践的探索，实践得到系统性提升。本书通过对中国水资源面临问题的分析，阐述了在中国推行合同节水管理的背景和意义，展望了实施合同节水管理的发展前景，系统地梳理了合同节水管理的相关理论与方法，探究了合同节水管理的内涵、运行机制与模式等基础理论，深入地分析了不同模式合同节水管理案例的成效、经验与存在的不足，系统地研究了合同节水管理效益分配和风险评价模型，结合灰色预测和回归分析方法测算了中国节水潜力与市场资本需求，并提出了中国合同节水管理的政策支持路径。

本书由哈明虎教授、贾冀南教授进行总体设计和统稿，陈继强、高林庆、何立新、王小胜、王超进行各章节的设计与撰写，吴继琛、常晓玲、李志刚、余志鹏、白玉景、张园园、牛颖颖、邢闰淅、梁晓丹、王金良、郭晓磊、王丽红、王娟、张珊、陈丹丹、薛波、张丽娜、刘欣欣等研究生参与了资料搜集和整理等工作。河北工程大学水利水电学院路明教授、王树谦教授，后勤管理处王斌副处长对本书的初稿提出了一些宝贵意见和建议，在此一并表示衷心的感谢！本书是在成功实施合同节水管理项目的基础上完成的，在此向鼎力支持本项目的水利部综合事业局和北京国泰节水发展股份有限公司表示诚挚的感谢。由于作者水平有限，难免有遗漏或不妥之处，敬请批评指正！

本书得到了国家社会科学基金后期资助项目（20FGLB023）的资助，特此致谢！

哈明虎　贾冀南　陈继强　高林庆　何立新　王小胜　王超

2020 年 3 月

目　录

第一章　中国合同节水管理产生背景及发展前景……1
第一节　水资源面临的问题……1
第二节　节水型社会建设的发展回顾和存在的问题……4
第三节　合同节水管理的产生背景与意义及发展状况……8
第四节　合同节水管理的发展前景……14
参考文献……17
第二章　合同节水管理相关理论与方法……18
第一节　公共物品理论……18
第二节　社会分工理论……19
第三节　契约理论……20
第四节　利益相关者理论……21
第五节　新公共管理理论……21
第六节　合同能源管理理论……22
第七节　数学相关基础理论……24
第八节　灰色系统预测方法……28
第九节　等级全息建模法……30
第十节　模糊综合评价法……32
参考文献……37
第三章　合同节水管理基础理论探究……39
第一节　内涵……39
第二节　特点……40
第三节　实施主体……41
第四节　运行机制……43
第五节　运行模式……45
第六节　管理流程……50
第七节　适用范围……52
参考文献……53

第四章　合同节水管理实践案例探索 …… 54
第一节　节水效益分享型合同节水管理实践案例 …… 54
第二节　固定投资回报型合同节水管理实践案例 …… 70
第三节　节水效果保证型合同节水管理实践案例 …… 81
第四节　水费托管型合同节水管理实践案例 …… 82
第五节　节水设备租赁型合同节水管理实践案例 …… 84
第六节　复合型合同节水管理实践案例 …… 85
第七节　经验借鉴与存在的不足 …… 86
参考文献 …… 91
第五章　合同节水管理利益分配模型 …… 92
第一节　常用的利益分配模型 …… 92
第二节　节水效益分享型合同节水管理利益分配模型 …… 104
第三节　固定投资回报型合同节水管理利益分配模型 …… 116
参考文献 …… 130
第六章　合同节水管理风险评价模型 …… 134
第一节　风险因素识别模型 …… 134
第二节　基于模糊综合评价法的合同节水管理风险因素评价模型 …… 139
第三节　基于组合赋权法的合同节水管理风险评价模型 …… 152
参考文献 …… 158
第七章　中国合同节水管理的节水潜力与市场资本需求 …… 159
第一节　节水潜力 …… 159
第二节　节水市场资本需求 …… 170
参考文献 …… 174
第八章　中国合同节水管理政策支持路径分析 …… 175
第一节　强化节水法律法规制度建设 …… 175
第二节　制定合同节水服务产业发展政策 …… 178
第三节　构建合同节水管理财政政策支持体系 …… 180
第四节　优化税收扶持政策 …… 183
第五节　制定政府采购扶植政策 …… 186
第六节　搭建多层次金融政策支持体系 …… 190
第七节　培育合同节水服务市场 …… 194
第八节　构建科技创新驱动支撑体系 …… 195
第九节　设计合理的水价格体系 …… 197

参考文献……199
附录……201

第一章　中国合同节水管理产生背景及发展前景

目前，水资源短缺已经严重地制约了我国经济的可持续发展，合同节水管理是有效缓解水资源短缺问题的重要举措。本章首先分析了我国合同节水管理的产生背景，主要包括水资源面临的问题、节水型社会建设的发展历程和存在的主要问题；其次，阐述了在我国实施合同节水管理的必要性和意义，并简要回顾了中国合同节水管理的发展历程。

第一节　水资源面临的问题

广义水资源是指地球上具有一定数量和可用质量能从自然界获得补充并可资利用的水的总称；狭义水资源是指在一定工程技术条件下可以被人类利用的淡水资源。水资源是经济社会发展的重要物质基础，具有形态的多样性、有限性、可恢复性、不可替代性和不稳定性等特征。本书提及的水资源主要是指狭义水资源。当前，我国虽然水资源总量较为丰富，但由于人口众多，也面临着人均占有量低，以及水资源浪费、短缺和污染等突出问题。因此，需要清晰认知我国水资源的现状，以便更好地制定解决水资源面临问题的发展战略，实现水资源的可持续利用。

一、总量丰富，但人均水资源占有量低

2018 年，我国水资源总量约为 27 462.5 亿 m^3，约占全球水资源的 6%，居世界第六位，其中地表水资源总量为 26 323.2 亿 m^3，地下水资源总量为 8246.5 亿 m^3[①]。从世界范围看，我国的水资源总量还是比较丰富，仅次于巴西、俄罗斯、加拿大、美国和印度尼西亚。然而，按照国际社会将人均水资源占有量分别低于 3000m^3、2000m^3、1000m^3 与 500m^3 作为划分轻度缺水、中度缺水、重度缺水与极度缺水的标准，我国将近 60%的城市人均水资源占有量低于 2000m^3，属中度缺水地区，而北京、天津、河北、

① 水利部.《中国水资源公报 2018》。

山东等省（自治区、直辖市）的人均水资源占有量更是低于 500m^3，水资源短缺问题更为突出[①]。我国人口众多，人均水资源占有量很低，仅为 1971.8m^3，只占世界人均拥有水资源量的 1/4，水资源量相对贫乏，属于世界 13 个最缺水国家之一[②]。

二、水资源时空分布不均

我国大部分地区处于季风区，由于受季风气候的影响，夏秋季降水较多，而冬春季降水较少，且年际变化较大，这不仅给水资源的开发利用带来了困难，而且也是水涝、干旱灾害频发的根本原因。南方地区受季风气候的影响相较于北方地区更为显著，因而南方地区的降水量远远大于北方地区。因此，我国水资源在区域间的分布存在着较大的差异，在地区分布上整体呈现南多北少、东多西少的特征。我国长江流域及其以南地区，耕地占全国的 38%，水资源量却占全国的 80%以上；淮河流域及其以北地区，耕地占全国的 62%，水资源量却不足全国的 20%；尤其是西北部分地区降水稀少，不足全国多年平均降水量的十分之一。在全国重度缺水的 10 个省（自治区、直辖市）中，有 8 个位于北方地区。此外，我国水土资源也存在着严重的不均衡现象，土地资源多集中于北方地区，而水资源则主要集中于南方地区。因此，我国水资源在时空上分布的不平衡性与全国人口、耕地资源分布的差异性，集中构成了我国水资源与人口、耕地资源不匹配的状况，从而严重制约了我国经济的可持续发展。

三、水资源污染较为严重

在我国改革开放的初期，一些地区注重国内生产总值（gross domestic product，GDP）的增长，追求经济增长的高速度，导致大量的污染物被直接排放入水体，全国各大水系遭到了不同程度的污染。2018 年，在我国七大水系中，Ⅰ~Ⅲ类水质的水系约占七成，其余水系均为Ⅳ类、Ⅴ类和劣Ⅴ类水质。在渤海湾、长江入海口、珠江入海口等区域赤潮频发，沿岸的养殖业蒙受了巨大的损失。随着污水排放总量的逐年攀升，我国近九成的浅层地下水遭到不同程度的污染，华北地区地下水污染状况尤为严重，部分地区地下水有机物污染严重，重金属含量严重超标。一些地区排污设施不完善，生活污水、雨水、垃圾等相互叠加，对地下水造成了严重污染，

---

① 水利部.《中国水资源公报 2018》。

② 联合国水机制.《2019 年世界水资源发展报告》。

人民群众的饮用水安全受到极大威胁。

四、水资源利用率较低

我国是一个农业大国，农业用水量占据全国用水总量的60%左右，部分地区农业用水量约占其用水总量的80%。由于我国部分农村地区仍采用“土渠输水，大水漫灌”的传统灌溉方式，水资源在输送和灌溉过程中产生了较大的损耗。我国农业灌溉用水有效利用率仅为50%左右，而发达国家农业灌溉用水的有效利用率却高达80%；在单方水粮食生产能力方面，我国只有1 kg，而发达国家平均为2 kg，其中以色列达2.35kg。由此可见我国目前的农业灌溉用水有效利用率和生产效率极低。在工业生产用水方面，我国单方水GDP产出仅为世界平均水平的三分之一，工业生产用水效率十分低下。不仅如此，工业用水浪费严重，平均重复利用率只有30%~40%。在生活用水方面，城市供水系统管道大多建设于20世纪，在建设时基本采用陶管、石棉水泥管和灰口铸铁等低等管材，导致城镇供水系统故障率居高不下，造成了水资源的巨大浪费。

五、地下水超采严重

随着我国经济的不断发展，用水总量与规模不断扩大，特别是在我国北方地区，地表水总量已经不能满足人们的用水需求，不少城市便开始大量开采地下水。水利部发布的《地下水动态月报》中的数据显示：河北、山西、黑龙江、山东等省（自治区、直辖市）的地下水供水量已超过总供水量的70%。由于地下水资源补给较为困难，北方地区多数城市的地下水资源已接近或达到开发利用的极限，部分城市的地下水已处于超采状态，这就极易破坏地表水体水量平衡，引发地面沉降、海水入侵、土地荒漠化、泉水枯竭和地面塌陷等一系列的环境问题。与此同时，地下水位的急剧下降使地面污染物大量渗入地下，进一步加剧了地下水的污染。

六、居民节水意识较弱

当前我国对节水工作的宣传力度虽然在不断加强，但部分居民的节水意识依然较为薄弱，在日常工作生活中并没有将节水工作落到实处。此外，我国国土面积辽阔，全国各地水资源分布不均，导致各地对节水宣传的力度不同，水资源相对丰富的地区大多数居民的节水意识不强。同时，随着城镇化的快速推进，不少农村地区就地城镇化，农村居民直接转型成为城镇居民，但他们仍然沿用传统的用水方式，造成了水资源的极大浪费。

七、水资源安全问题复杂

我国地域辽阔，各地的水资源风险状况千差万别，这就使我国面临的水资源安全问题更为复杂。在东北地区，由于水资源的过度开发与利用，该地区的水资源短缺情况较为严重；华北地区处于重工业集聚地区，水污染现象较为严重，且水生态环境较为脆弱，导致华北地区的水量、水质与水生态问题相互交织，水资源形成系统性的恶化态势；华中地区、华南地区水资源较为丰富，工业较为发达，但近年来工业快速发展造成的水环境污染问题也在日益加重；西北地区地处内陆，自然环境脆弱，水土流失问题较为严重，由此引发的水资源短缺与生态环境恶化等问题相互作用，共同影响了西北地区的生态环境。

第二节 节水型社会建设的发展回顾和存在的问题

目前，节水型社会的建设已取得一定成效，在一定程度上缓解了我国水资源短缺和浪费等问题[1]。本节将简要回顾节水型社会的建设进展，分析节水型社会在建设中存在的主要问题。

一、发展回顾

我国农业节水技术发展较早，在 20 世纪五六十年代就陆续采用了沟渠衬砌技术、渠道防渗技术和低压管道输水灌溉技术等进行节水工作。自 20 世纪 80 年代中期开始，我国农业灌溉技术得到较大的发展。全国普遍推行泵站与机井节水技术改造，开展了低压管道输水灌溉技术的深入研究与推广，有效地增加了农业灌溉面积，提升了灌溉效率，水资源利用效率得到了显著提高。到“八五”时期末，全国有效灌溉面积达到了 50.4 万 km^2，符合节水灌溉工程标准的面积占到了 21.8%，灌溉水利用率提高了 35%左右。同时，为了有计划地利用水资源，在全国范围内开始修建适宜灌溉技术的防漏农田渠道、土地整平、坡地修筑梯田、布置沟渠和排灌网络，这不仅改变了水资源的使用方式，还使农业耕种更加合理化。但是由于当时信息网络传递速度较慢，节水技术并未得到很好的普及，节水技术更替也较为缓慢，水资源的利用率依然不高。

20 世纪 90 年代，随着经济社会的快速发展，水资源的严重短缺已经成为制约国民经济和农业发展的瓶颈。由于农业发展与水资源补给有着密切的联系，水资源的短缺极大地限制了农业的可持续发展。因此，为提高水资源的利用效率，中共中央、国务院对节水灌溉给予了高度重视，加大了对节水灌溉的扶持力度，建立了多个试点改造项目，水资源的利用率得到了极大提高，节水颇见成效。但是，该时期的农业节水主要依靠单项技术的发展，尚未形成完整的节水体系。

21 世纪初期，我国开始大力倡导节水农业，加大对农业和水利的投入，积极进行科技创新研发新产品，将先进的节水设备推广到农村中。截至 2005 年底，全国大型灌区续建配套与节水技术改造项目总计安排投资 205 亿元，其中中央投资 115.74 亿元，共对全国 334 处大型灌区进行节水改造。按《水利改革发展“十三五”规划》要求：到 2020 年，全国农田有效灌溉面积达到 10 亿亩①以上，发展高效节水灌溉面积 1 亿亩，农田灌溉水有效利用系数提高到 0.55 以上[2]。在国家的大力支持下，节水农业和节水灌溉技术得到了迅速发展，公众的节水环保意识也在逐渐加强。

2000 年，《中共中央关于制定国民经济和社会发展第十个五年计划的建议》中，指出水资源可持续利用是我国经济社会发展的战略问题，核心是提高用水效率，把节水放在突出位置。要加强水资源的规划与管理，搞好江河全流域水资源的合理配置，协调生活、生产和生态用水。大力推行节约用水措施，发展节水型农业、工业和服务业，建立节水型社会。改革水的管理体制，建立合理的水价形成机制，调动全社会节水和防治水污染的积极性。2002 年 12 月，水利部印发《开展节水型社会建设试点工作指导意见》，“十五”期间，国家建立了张掖、绵阳、大连、西安等 12 个全国节水型社会建设试点，“十一五”期间又进一步扩大了全国试点的规模和范围，重点推进南水北调东中线受水区、西北能源重化工基地、南方水污染严重地区、沿海经济带的节水型社会建设[3]。目前，全国已批复了多个节水型社会建设试点，建立了多个节水型社区和节水型企业。2006 年 3 月，“十一五”规划纲要提出，落实节约资源和保护环境基本国策，建设低投入、高产出，低消耗、少排放，能循环、可持续的国民经济体系和资源节约型、环境友好型社会。

由于我国长期受到水资源短缺的制约，在一定程度上严重影响了经济社会的可持续发展。因此，大力建设节水型社会是经济可持续发展的必然要求，也是节约用水的有效途径，为促进人与自然和谐发展和产业结构的转型升级、经济社会的可持续发展提供重要保障。

---

① 1 亩≈667m²。

二、存在的问题

近年来，尽管我国节水型社会的建设初见成效，但是受历史原因及政策等多方面因素的制约，在建设节水型社会的过程中依然存在着诸多问题亟待解决，主要体现在如下方面。

（一）节水相关法律、法规与标准有待健全

1. 节水相关法规亟须制定和颁布

虽然我国的《中华人民共和国水法》《取水许可和水资源费征收管理条例》等法律法规均对节水工作做出了若干规定，但执行难度较大。建设节水型社会就需建立健全一系列法律法规，以确保节水工作在推进过程中有法可依、有法必依。目前，我国在法律层面提出了建设节水型社会，但只构建出了整体框架，并未明确“谁来建、怎么建”等具体细节，节水型社会建设依然缺乏必要的法律手段作为支撑。同时，虽然部分法律法规制定了节水优惠政策，但也未明确具体实施细则。在节水管理体制方面，节水工作还是主要依靠政府的行政主管部门去推动，行业的节水工作尚未进行有效综合管理，节水责任主体依然还不明确，节水推进过程中监督、奖罚措施力度依然不足。

2. 节水标准有待健全与规范

由于不同地区的水资源状况不同，不同行业的用水量也存在巨大的差异，因此就需要对不同的区域和行业制定不同的节水标准，而目前这项工作尚未全面展开。当前的节水标准是非硬性标准，对节水的约束性还不够，尤其是对于高耗水行业的强制性节水标准还未建立。国家实施的节水认证工作虽已展开，但仍未做出强制性的具体要求。同时，认证费用高昂且程序复杂，仅有少部分企业自愿申请节水认证，致使节水器具市场产品质量良莠不齐，节水用户体验不佳。

（二）水资源有偿使用制度有待完善

受地域、制度等方面的影响，我国水资源有偿使用制度尚未全面覆盖，特别是偏远和广大农村地区；许多城乡居民节水意识薄弱，从而造成了水资源的大量浪费。因此，就需要从根本上完善偏远和农村地区水资源的有偿使用制度，建立健全相关制度体系并加以落实；同时，受到理论、方法和法律等因素的影响，我国的水权交易制度尚未建立，水权交易市场机制尚未完全形成。

（三）节水激励政策亟须创新

当前，针对节水工作出台的激励政策和高效节水方案还比较少，导致用水单位的节水积极性不高。由于用水单位前期投入资金高，短期内节水

效益低，仅依靠政府的力量推进节水工作的成效有限；节水激励政策的缺失又难以吸引社会资本的投入。此外，我国从节约用水和取水成本的角度考虑，按用水量收取一定的费用，但从整体来看，水价偏低，在节水方面的市场调节能力不足，没有充分调动用水单位的节水积极性。因此，亟须从其他方面完善和创新激励机制，调动用水单位参与节水的内生动力。

（四）节水计量监测及统计制度亟须完善

目前，我国水资源管理体系不甚健全，水计量监测系统还不能实现全方位、多角度覆盖。虽然第二产业、第三产业的用水计量监测水平有所提高，但偷水、漏水现象仍然屡见不鲜，导致水资源的浪费无据可依。此外，不同的水资源管理部门间分工边界模糊，统计方法不同，对数据的处理方式也有差异，难以进行数据共享，不能很好地满足相关人员对数据研究和利用的需求。因此，就需要整合已有资源，建立一套完整的节水计量监测和统计制度体系，增强节水数据的真实性、可靠性及有效性。

（五）节水管理体制亟须理顺

节水工作的开展是全方位、多层次的，需要各级政府协调各方利益，统筹推进制定节水政策。目前，我国由多个政府部门联合对水资源进行管理，存在部分条块分割、各自为政的情况，尚未形成简洁有效的节水管理协调联动机制。因此，节水工作的推进落实受到不同程度的影响。2018年，水利部进行了机构改革，重新组织编制并协调实施节约用水规划。由此，国家层面的节水协调机制初步建立，各地也应建立负责地方节水的专门管理机构。同时，各地还应配合国家层面全力推进节水工作的展开。目前，水资源管理和规范行业协会的机制尚未形成，投融资机制也尚待建立。

（六）节水建设资金投入渠道有限

节水型社会建设有“软节水”“硬节水”等形式，但无论实施哪种节水形式均需要有大量的资金投入。资金投入来源可分为两个方面：政府投入和非政府投入。其中，非政府投入包括企业资金投入和公众自筹资金投入等。但是由于节水成本较高，企业和公众缺少必要的节水动力。因此，建设节水型社会不仅要依靠政府资金的积极投入，还要大力引入社会资本，以便更好地完善节水融资体系，建立长期、稳定、长效的节水建设资金投入机制。

（七）节水技术创新与产品研发滞后

随着政府节水工作的大力宣传，人们的节水意识在不断提高，对节水产业的需求也迅速增长。但是由于节水技术创新及产品研发市场不甚健全，尚未形成多层次、产学研相结合的技术创新体系；此外，还存在着节水产品研发创新能力不足、缺乏自主创新型产品、节水科研成果转化率低等问题。同时，市场上的节水产品质量良莠不齐，影响了节水产品的推广和应用。

（八）公众节水意识薄弱

由于我国对水资源管理还不够系统，对节约用水的宣传力度不够，对节水的必要性、紧迫性和长期性认识不足，也尚未真正落实绿色可持续发展的理念。因此，将节水工作落实到日常生活和具体行为中的难度较大，节约用水尚未成为公众普遍遵守的文明生活习惯。同时，受地域发展因素的制约，各地对节水的认识并不一致，不同地区间对节水的必要性和长期性认识差异较大，这就需要加大节水宣传力度，创新节水宣传方式，提高居民节约用水的意识与积极性。

由上可见：尽管节水型社会建设是缓解水资源短缺、优化产业结构和促进经济可持续发展的有效手段，但是在节水型社会的建设中还存在着诸多亟待解决的问题。因此，我国亟须采取更为科学的合同节水管理模式解决当前的节水问题。

第三节　合同节水管理的产生背景与意义及发展状况

本节将分析我国合同节水管理的产生背景与意义，较为详细地阐述合同节水管理的发展状况。

一、背景与意义

2014年3月14日，习近平在中央财经领导小组第五次会议上提出了“节水优先、空间均衡、系统治理、两手发力”的思路，为我国节水管理提出了战略上的指导，为创新管理机制实施节水管理指明了方向。在此背景下，合同节水管理应运而生。

合同节水管理是节水服务企业与用水单位以合同的形式，为用水单位募集资本、集成先进技术、提供节水改造和管理等，以分享节水效益方式收回投资、获取收益的一种新的节水管理机制，有助于发挥市场的调控能力，调动节水服务企业募集社会资本、进行节水技术创新与产品研发和用水单位参与的积极性，助推节水型社会的建设。因此，在我国推行合同节水管理具有紧迫的必要性和重要的现实意义，主要体现在以下方面。

（一）必要性

1. 全面建设节水型社会的必然选择

到2030年，预计我国节水型社会的建设需要使全国万元GDP用水量降低到原来的 1/4，用水节水效率和效益均得到明显提高，水资源的核心指标达到或接近同期国际先进水平，在维系良好生态系统的基础上实现正常年景水资源供需的基本平衡；同时要基本建成体系完整、制度完善、设施完备、用水高效、节水自律的节水型社会[4]。合同节水管理是将企业与用水单位直接联系的新型节水服务模式，企业为用水单位提供改造资金、先进技术及节水管理等服务，以分享节水效益的方式来获取利益。合同节水管理模式不仅可以提高用水单位节水改造的积极性，还可以节水减污和优化环境，推动我国绿色经济的发展。因此，实施合同节水管理能够在很大程度上解决我国水资源短缺、用水浪费和水资源循环利用率不高等问题，对全面建设节水型社会十分有利。

2. 创新节水管理体制的重要举措

党的十八届五中全会指出，“必须坚持节约资源和保护环境的基本国策，坚持可持续发展，坚定走生产发展、生活富裕、生态良好的文明发展道路”①。合同节水管理就是节水环保的新兴产物，主要是开展节水减污、改善水环境和提高有效用水率等水治理项目。合同节水管理集节水咨询检测、技术研发应用、产品推广销售、节水工程建设、节水售后服务等多种服务于一体，形成了一条完整的节水服务链，是节水服务模式和业态的重要创新。合同节水管理从技术研发到产品创新推广再到运营服务，具有很大的产业发展空间。因此，实施合同节水管理不仅可以丰富节水模式，激发节水市场潜力，还可以完善节水产业结构体系并带动相关产业的发展；合同节水管理还可为用水单位和三大产业等提供更专业、高效、全面的节水服务，营造良好的政策和市场环境，有利于促进节水服务产业的健康发展。

3. 促进节水技术进步的有效途径

目前，水资源不足、水环境恶化和水旱灾害频发等问题已经严重制约了我国经济社会的可持续发展。因此，相关部门加大了对节水相关领域的科研资金投入，提升我国的科研水平，从而通过高科技人才、先进节水设备和技术为我国水资源的可持续利用保驾护航。合同节水管理不同于其他节水管理模式，不仅可以提高用户的节水率，还可以促进生态文明社会建设。同时，新技术的产生也会提高社会优质资源向节水领域投入的积极性，从而实现建设节水型社会的目标。

---

① 中共中央关于制定国民经济和社会发展第十三个五年规划的建议，http://cpc.people.com.cn/n/2015/1103/c399243-27772351-2.html[2022-04-18]。

4. 拓宽节水资金渠道的重要桥梁

长期以来，我国节水工作的开展主要依靠各级财政部门的资金投入，而社会资本投入的规模较少。节水改造用户多、节水效益低等原因，导致我国节水工作的落实进程缓慢，节水效率较低。近年来，中央对节水领域工作进行了全面部署，加大了对环境的整治和对水资源的管理，加快推进了水利基础设施建设和投融资体制的改革。通过采取合同节水管理，可以吸引社会资本加大对节水领域的资金投入，拓宽社会资本进入节水市场的渠道，为社会资本进入节水领域架起了新的桥梁。

（二）意义

合同节水管理是连接企业和用水单位的纽带，以企业先行投入资金进行节水改造，最终实现节水目标的新型服务模式，其意义体现在以下四个方面。

1. 有利于培育新的经济增长点

合同节水管理在我国属于新生事物，其运营模式符合新时代的要求，能够调动市场的积极性，充分发挥市场的主导作用。通过政府出台的各项激励措施，能够从多方位吸引社会资本参与节水服务市场。因此，合同节水管理所涉及的产业覆盖面就会越来越广、产业链就会越来越长，从而可以促进合同节水管理产业逐步发展壮大；同时在我国经济不断发展、社会不断进步和公众节水意识不断提高的背景下，公共机构、公共建筑、高耗水工业和服务业等领域对节水产品与服务的需求也在不断增长，节水市场的巨大需求不仅能够推动节水服务产业链的延伸，还可以不断培育出新的经济增长点。

2. 有利于落实新时期水利工作方针

合同节水管理既能满足社会资本趋利性要求，又能很好地激发社会资本投入节水改造项目的积极性。节水服务企业按照节水效益获得节水收益，因此能更好地促进节水服务市场良性发展，为各行业用水单位提供更专业、高效、全面的节水服务。此外，合同节水管理项目先由节水服务企业提供节水技术改造，再通过节水效益来收回成本和获取收益，这便能够减少用水单位的投入成本，极大地调动用水单位进行节水技术改造的积极性，由过去的“要我节水”变成“我要节水”，这便可以从根本上激发市场节水的原动力，更好地落实新时期的水利工作方针。

3. 有利于建立长效节水运行管理机制

合同节水管理模式改变了长期以来仅依靠政府推动节水工程建设的惯用模式，是节水工作中“两手发力”的关键所在。该运营模式不仅可以通过经济合同的方式促进用水方式的转变，而且还可以减少用水单位的资金投入和降低用水成本，从而可以极大地提高用水单位的节水积极性和解决政府节水投入经费不足的问题。在实施合同节水管理项目的过程中，节水服务企业为了达到更佳的服务效果，获得更好的投资回报，会在技术、装备和产品上持续创新，通过采用先进的技术和节水产品以提高节水工程质量与节水效果，从而避免走“重投资、轻管理”的老路，逐步形成并建立起长效节水运行机制。

4. 有利于补齐节水治污短板和建设环境友好型社会

水资源的短缺、浪费及水质的下降使得我国水资源环境急剧恶化，生态系统遇到了巨大挑战。因此，水资源直接或间接地影响了我国经济社会的可持续发展，开展节水改造、控排减污的任务变得更加艰巨。随着国家对水资源管理力度的加大，部分高耗水企业和用水单位受自身因素的制约，难以自主实施节水治污的技术改造。通过合同节水管理模式，由节水服务企业先行投入资金进行技术改造及专业化服务，减少用水单位节水改造成本，达到提高用水效率和节水效益的目的。同时，合同节水管理还可以有效推进水生态文明建设，优化水资源配置和调整产业结构布局，推进环境友好型社会的建设进程。

合同节水管理作为一种新的节水模式，符合新时代的战略选择，是推进水生态文明建设的一项重大制度创新，对促进社会资本参与节水事业、发展节水服务业、推进水利科研创新和建立完备的节水运行管理机制都意义重大，不仅拓宽了社会资本进入节水事业的渠道，发挥了市场的主导作用，还可以充分调动市场节水主体的节水积极性，有利于实现全社会共同投身于我国的节水事业，加快节水型社会的建设。

二、发展状况

2014 年 3 月 14 日，习近平在中央财经领导小组第五次会议上提出了“节水优先、空间均衡、系统治理、两手发力”的思路，为我国节水管理工作提出了战略上的指导。在此背景下，水利部综合事业局于 2014 年率先提出了合同节水管理思想，与河北工程大学共同提炼出“募集社会资本+集成先进适用节水技术+对目标项目进行节水技术改造+建立长效节水管理机制+分享节水效益”的新型市场化节水商业模式，为加强水资源的节约、保护和利用建立了一套行政管理与市场行为紧密结合的服务机制，从而为我国节水管理开创了一条创新之路。合同节水管理是结合政府与社会的力量，为推进水的节约、保护和利用而建立的一套符合市场机制的节水服务体系。中共中央、国务院及水利部高度重视合同节水管理工作，明确要求把节约水资源作为保护生态环境的根本之策，强调水资源的循环利用，将合同节水管理列入中央“十三五”规划建议和国家“十三五”规划纲要。

在水利部综合事业局的积极推动下，自 2015 年，北京国泰节水发展股份有限公司（简称北京国泰）和河北工程大学等单位共同实施了合同节水管理试点项目。在投融资、技术集成与运用、节水利益分配、节水工程后期运行等各个环节，严格按照预定的节水合同进行管理，节水量、节水效益和运行情况均达到了预期效果，合同节水管理实践成效显著。实践表明，合同节水管理模式可以最大限度地吸引社会资本积极投入节水事业，促进节水服务产业的良性发展；有利于建立节水长效运行管理机制，促进用水方式转变；同时还有利于推广应用先进的节水技术产品，提高用水效率，降低污水排放量和改善生态环境。

2015 年 11 月，为积极贯彻落实《中共中央关于制定国民经济和社会发展第十三个五年规划的建议》对“推行合同节水管理”的要求，中国水利企业协会在北京召开会议，正式成立合同节水管理专业委员会。2016 年 7 月，国家发展和改革委员会、水利部、国家税务总局联合印发了《关于推行合同节水管理促进节水服务产业发展的意见》（发改环资〔2016〕1629 号），明确了推行合同节水管理的总体要求。2016 年 12 月，《中共中央 国务院关于深入推进农业供给侧结构性改革　加快培育农业农村发展新动能的若干意见》指出，加快水权市场建设，推进水资源使用权确权和进场交易，把农业节水作为方向性、战略性大事来抓，加快完善国家支持农业节水政策体系。2017 年 10 月，习近平在《决胜全面建成小康社会　夺取新时代中国特色社会主义伟大胜利》的报告中指出，必须树立和践行绿水青山就是金山银山的理念，坚持节约资源和保护环境的基本国策①。

2019 年 4 月，国家发展和改革委员会、水利部联合印发了《国家节水行动方案》，指出深化体制机制改革，推动合同节水管理。2019 年 7 月，国家发展和改革委员会办公厅、水利部办公厅关于印发《〈国家节水行动方案〉分工方案》，要求水利部牵头，引导和推进合同节水管理。2019 年 8 月，《关于深入推进高校节约用水工作的通知》（水节约〔2019〕234 号）

① 《决胜全面建成小康社会 夺取新时代中国特色社会主义伟大胜利》，http://www.81.cn/sydbt/2017-10/27/content_7802497.htm[2022-04-12]。

指出，各高校要积极探索应用合同节水管理模式，拓宽资金渠道，调动社会资本和专业技术力量，集成先进节水技术和管理模式参与高校节水工作。2019年8月，《公共机构节水管理规范》（GB/T 37813—2019）（简称《规范》）对公共机构节水的运行管理和绩效评价提出了具体要求。《规范》分五部分内容，规范了用水管理、用水管理绩效等术语和定义，要求公共机构安排专人负责用水节水管理工作，从规划设计、取水和定额、维护和保养、计量、统计和分析、水质和水处理、用水系统、绩效评价等8个方面对公共机构节水的运行管理做出明确规定。

2020年3月，水利部印发了《2020年水利系统节约用水工作要点和重点任务清单的通知》（水节约〔2020〕44 号），指出加大合同节水管理推广力度，及时总结提炼、宣传推广高校节水工作的成功经验和举措，示范引领全社会节水。2020 年 4 月，水利部办公厅和财政部办公厅联合印发了《关于开展中型灌区续建配套与节水改造方案编制工作的通知》（简称《通知》），明确了中型灌区续建配套与节水改造内容，重点解决灌区工程完好率低、设施不配套、计量不完善等问题，提升灌区管理水平，提高灌区供水效率和效益，实现中型灌区“节水高效、设施完善、管理科学、生态良好”的总目标。改造方式为灌区整体性改造，实施期为2年。改造完成后，骨干灌排设施完好率达到 90%以上，灌溉水有效利用系数达到0.6以上，农业水价综合改革全面实施。同月，长江水利委员会印发《长江水利委员会落实〈国家节水行动方案〉任务分工方案》，要求有关部门和单位深入贯彻“节水优先、空间均衡、系统治理、两手发力”治水思路，积极践行水利改革发展总基调，全力推动《国家节水行动方案》在长江流域落地实施。分工方案结合长江流域水利改革发展实际，明确了各项工作的牵头和参加部门单位，要求加强组织领导，强化责任担当，加强协调配合，形成各司其职、通力配合、共同推进的工作格局。2020 年底，为贯彻落实《国家节水行动方案》，上海市水务局积极推进并指导用水单位以合同节水管理模式开展“智慧节水”信息系统建设，实现单位内部用水精细化管理。截至2021年1月底，上海市已有120余家单位开展“智慧节水”管理信息系统建设工作。

由上可见，在我国大力推行节水型社会建设的背景下，合同节水管理满足了社会资本的趋利性要求，为社会资本投入节水改造提供了有效激励，最大限度地调动了用水单位节水技术改造的积极性，畅通了节水技术改造的资金渠道，可从根本上保证节水管理的长效机制真正落地。

第四节 合同节水管理的发展前景

本节将分析推行合同节水管理的有利因素，展望我国推行合同节水管理的发展前景，为合同节水管理的深入开展和制定政策支持路径奠定基础。

一、有利因素

我国是世界第一人口大国、世界第二大经济体，生活、生产用水需求量巨大，但人均水资源占有量比较低，用水效率不高，水资源污染较为严重。因此，保护水资源、提高用水效率刻不容缓。在多年的节水宣传教育下，居民的节水意识有所提高，节约用水观念已被公众普遍接受。改革的不断深入和市场机制的不断健全完善，为合同节水管理模式的推广和发展提供了广阔的市场和政策环境。

（一）节水市场需求旺盛

随着经济社会的进一步发展，水资源的供需矛盾将会更加突出，各行业特别是高耗水行业将面临用水成本增加、更新节能减耗设备资本投入巨大等难题。因此，设计并推广行之有效的节水管理模式，已经成为各行业降成本、提效益、增收入的迫切需要。但由于节水主体资金实力和自身节水技术的限制，合同节水管理无疑成了各行业进行有效节水的重要选择。此外，我国的农业、工业和城镇生活存在着巨大的节水潜力，为合同节水管理提供了较大的市场需求和广阔的市场发展空间。

（二）政府对节水管控逐步加强

2012 年 1 月，《关于实行最严格水资源管理制度的意见》（国发〔2012〕3 号）确立了水资源开发利用控制红线、用水效率控制红线、水功能区限制纳污红线。水利部将指标任务分解下发到各地和社会各行业中，目标是要建立和完善严格的水资源管理制度考核体系，将水资源管理纳入政府考核指标，强化政府在节水控制方面的监管。在水资源严重匮乏的背景下，单一靠政府财政投入的节水模式收效有限。因此，要“两手发力”，将政府与市场机制结合起来，建立健全综合水资源管理制度体系，加强政府在引导和监督方面的工作力度，全力推进节水型社会建设，这为合同节水管理的发展提供了良好的政策环境。

（三）公众节水意识明显增强

自 20 世纪 80 年代末开始，为提高社会公众的节水意识，我国开展了广泛的节水宣传工作。1989 年水利部设立了“水法宣传周”，1992 年设立了“全国城市节水宣传周”，自 1993 年“世界水日”确立以来，我国积极开展“世界水日”“中国水周”等宣传活动，并在全国范围内推动节水型社会建设，将“加强宣传”作为节水型社会建设的五大主要工作内容之一。通过电视、报纸、互联网等媒体广泛开展节水宣传工作，普及和推广节水知识与技术。通过一系列的宣传活动，社会公众对我国当前水资源的严峻形势有了充分的认识，对全民参与节水的必要性有了一定的了解，社会公众的节水意识得到了不断提升，这为推进合同节水管理发展打下了坚实的群众基础。

（四）有利的政策导向

坚持全面深化改革是推进经济社会持续健康发展、实现“两个一百年”奋斗目标必须遵循的原则之一。党的十八届三中全会审议通过的《中共中央关于全面深化改革若干重大问题的决定》提出了“使市场在资源配置中起决定性作用和更好发挥政府作用”。随着改革的深入，经济思想也逐步从改革开放初期发挥市场的辅助性作用到市场的基础性作用，再转变为市场的决定性作用。国家将节水事业引入市场机制，不断健全水权制度，培育水权市场，运用市场机制合理配置水资源。2016 年 4 月，《水效领跑者引领行动实施方案》（发改环资〔2016〕876 号）指出，在工业、农业和生活用水领域开展水效领跑者引领行动，制定水效领跑者指标，发布水效领跑者名单，树立先进典型。有利的政策导向可以通过思想引领、政策支持和体制建设等来引导用水单位实施节水技术改造，提高用水效率，从而可以推进节水事业的健康发展。

（五）可借鉴国内外的成功经验

虽然我国的合同节水管理还未普及，但是节水改造的试点单位已经初见成效。各级政府积极开展合同节水试点来探索系统化、标准化的合同节水管理模式。2015 年 1 月，河北工程大学成为首家实施合同节水管理的试点高校。经过三方鉴定，河北工程大学在节水改造之后每年可以节约用水 100 万 m^3，节水率高达 35%。节水服务企业投入的前期建设成本预计在合同期的前 3 年内收回，节水取得了非常显著的效果。在水利部的积极推动和社会各界的积极配合下，天津护仓河和成都向阳水库先后参与了合同节水管理项目，节水效果也十分显著。同时，在国外也有众多的合同节水管理成功案例，如美国金斯波特市、亚美尼亚和阿曼苏丹国的合同节水管理项目都取得了良好的节水效益。因此，国内外良好的试点效果为我国推广合同节水管理提供了成功经验，这不仅可以增加社会资本注入合同节水事业的信心，还可以为我国大力推行合同节水管理工作提供有益的经验借鉴。

二、前景展望

（一）有力保障国家的水资源安全

为了全面推动合同节水管理的发展，政府要加快完善与合同节水管理相关的法律法规，制定严格的合同节水管理评价制度、合同节水管理激励措施和奖励办法，构建良好的诚信体系，健全风控测评体系，完备合同节水管理的相关配套设施建设。同时，各级政府要通过政策鼓励，引导用水单位特别是高耗水行业，如石油化工、纺织印染、造纸等行业进行合同节水改造。为实现营利目的，节水服务企业要不断创新节水治水技术，以实现节水经济效益的最大化。因此，在政府和市场的共同努力下，我国的水环境和水生态系统必将得到修复及改善，从而推进我国生态文明建设和保障国家的水资源安全。

（二）促进节水型社会的建设

合同节水管理是一种由节水服务企业和用水单位共享收益的市场化节水模式，这对节水服务企业、用水单位及国家都有益处，是一种利国利民的新型节水机制。通过合同节水管理模式不仅可以规范节水主体双方的行为，也可以提高节水服务企业的融资动力和节水项目的回报率。随着合同节水管理服务市场的不断扩大，节水产品也会加速技术升级，节水技术必将得到进一步的优化和改进，以便吸引更多的企业参与节水事业，从而实现建设节水型社会的宏伟目标。

（三）有望产生良好的效益

合同节水管理自提出以来，河北、天津等地陆续开展试点工作和平台建设，产生了较为明显的经济、社会和生态效益，能够实现多方共赢。特别是从节水服务企业来看，合同节水管理可以使其资金、技术与用水单位的需求有效对接，产生较为稳定、长期的预期收益，从而获得一定的投资回报，且风险相对较低。合同节水管理的节水模式是践行“绿水青山就是金山银山”理论的有效手段，是节水、节能、环保三项效益的直接叠加。合同节水管理项目的实施，不但节约了水资源，并且减少了污水的排放量，对于改善水环境，以及保障水生态系统的健康、可持续发展有着深远的意义。

参 考 文 献

[1] 贾永勤，段疆. 张掖市节水型社会试点建设效果分析[J]. 甘肃水利水电技术，2005，41（4）：313-314，317.

[2] 国家发展和改革委员会，水利部，住房和城乡建设部. 水利改革发展“十三五”规则[R]. 2016.

[3] 陈莹. 节水型社会建设试点的启示[J]. 中国水利，2012，（15）：30-33.

[4] 徐春晓，李云玲，孙素艳. 节水型社会建设与用水效率控制[J]. 中国水利，2011，（23）：64-72.

第二章　合同节水管理相关理论与方法

本章将主要对合同节水管理涉及的相关理论，如公共物品理论、合同能源管理理论、社会分工理论、契约理论等进行介绍，为合同节水管理的研究和读者阅读奠定基础。

第一节　公共物品理论

英国经济学家大卫·休谟最早提出了公共物品理论的思想，他通过研究草地排水问题，指出公共物品理论中普遍存在着“搭便车”的问题，需要依靠政府去解决。此外，公共物品理论的形成与边际革命有着直接的联系，门格尔等经济学家创造性地提出了效用和边际效用的概念，助推了公共物品理论的形成，进一步发展和完善了经济学理论。值得一提的是，公共物品理论的另一位杰出代表人物瑞典学派的维克赛尔及其学生林达尔通过实践提出了著名的林达尔均衡理论，这对公共物品理论的发展有重要意义。美国学者萨缪尔森是公共物品理论系统形成的主要推动者。1954 年，萨缪尔森阐述了公共消费品与私人物品具有不可分割性的特点[1]，次年，又提出了建立公共物品一般均衡模型的方法[2]，对公共物品理论的形成有着深远意义。1959 年，Musgrave 出版 *The Theory of Public Finance：A Study in Public Economy* 一书，提出了公共物品（public goods）的定义[3]。

《中华人民共和国民法典》第二百四十七条规定，矿藏、水流、海域属于国家所有。因此，根据萨缪尔森关于公共物品的定义[1]，水资源具有公共物品的特性（即非竞争性和非排他性），是一种准公共物品，其节约、保护和治理需要社会各界的共同努力。合同节水管理的主体为节水服务企业，用水单位是主要参与者。节水服务企业作为经济组织，其追求的主要是经济效益，强调经济价值；用水单位是合同节水管理的重要组成部分，但是对水资源的节约、保护和治理意识薄弱，注重眼前利益，缺乏节约用水的能力和动力。因此，合同节水管理需要协调节水服务企业和用水单位的各自利益，是一种复杂的社会管理活动，是公共物品理论应用到合同节水管理领域中的具体体现。进行合同节水改造时，节水用户中用水人数的增多并不会增加改造节水设备的固定成本，这就弥补了在市场机制下通过价格机制来分配产品的缺陷，大大降低了使用合同节水产品的成本。根据公共物品理论，对用水单位配置节水产品时还需要政府进行干预，政府通过行使管理经济和公共事务职能来引导节水服务企业与用水单位进行有效衔接，从而可以提高合同节水产品的分配效率。

第二节　社会分工理论

社会分工起源于亚当·斯密提出的分工论，是指人类从事各种社会劳动的社会划分及其独立化和专业化，目的是提高生产效率。19 世纪末，迪尔凯姆提出了社会分工论，他指出：社会是多元化的，由各种矛盾的部分组成，社会成员之间的差异在不断增大，这就需要通过分工合作将其连接在一起。在众多分工理论体系中，马克思的社会分工理论因其自身的优越性，内容丰富完整，具有较强的指导价值和实际意义。马克思的社会分工理论将阶级及阶级分析作为一种重要思想，时至今日，该思想对社会分工理论依然产生着深远的影响。马克思对社会分工做出如下总结：①分工是生产活动的表现形式；②分工是生产力发展和生产关系所有制形式的共同表现；③分工体现自然与社会过程的统一；④分工是生产资料和社会劳动的客体划分，是一种在技术形式上的分配[4]。由此可以看出，马克思在研究社会分工时将实践作为重要参考，实践包括了社会生产的方方面面，反映着个人与社会的动态变化。

社会分工的优势就是让擅长的人做自己擅长的事情，大大提高生产效率。合同节水管理是用水单位与节水服务企业分工合作，共同推进水资源节约、水环境保护的服务机制，是社会分工理论在实践中的具体运用。在合同节水管理实施过程中，由节水服务企业与用水单位签订合同，引入社会资本，集成运用先进适用节水技术，对高校、公共机构等用水单位进行节水技术改造，建立节水管理机制，各方分享节水效益。与传统的节水项目单纯由政府主导不同，合同节水管理需政府和市场共同发力，由政府、节水服务企业、节水基金组织及用水单位多方参与，按照约定的权利和义务分工合作，实现共赢。在合同节水管理的实践中，节水改造或水环境治理工程的投资、设计、建设、运营等专业性工作由节水服务企业来承担，用水单位通过与节水服务企业签订合同，按照水资源的价值付费购买节水服务，两者各自分工，使社会资源得到充分利用。同时，节水服务企业通过为用水单位进行节水改造获得收益，用水单位也可以实现节水设施更新，达到节约用水、控制成本的目的，从而使双方真正实现互利共赢。

第三节 契约理论

契约理论是通过一些假定条件来简化交易属性，运用模型来进行理论分析，研究特定交易环境下不同合同人之间的经济行为与结果，主要包括委托代理理论、不完全契约理论及交易成本理论三个理论分支。契约是一个法律概念，是双方或多方为达到某种目的而达成的某种协议。一般而言，合约大部分是法律意义上的契约，具有法律效力且受法律保护，但从经济学角度而言，契约的范围很大，不仅包括上述的法律契约，还包括一些默认契约。经济学是将各种类型的市场交易都看作契约关系，因此市场上许多关系便都可以称为契约关系。在契约形成过程中签约各方都要秉持社会性、平等性、互利性、自由性、过程性的原则，因为契约的目的是通过双方共同认定的条款规则来约束双方的行为，监督双方恪守承诺，进而谋求更多的利益，所以契约双方均享有权利和义务[5]。契约理论在发展中不断完善成熟，通过不断调整，其规范性逐渐增强，更加注重利益的均衡分配，对经济外部不确定性问题的应变能力也在不断提高。因此，契约理论的普遍适用性也越来越强。

合同节水管理是节水服务企业通过与用水单位签订契约的方式，整合社会资本、节水技术等资源，提出具体的节水改造实施方案，为用水单位提供节水设备和产品，以达到长期节水的目的，是依据契约理论建立的一种节水管理的长效合作模式。同时，节水所节约的成本将用来支付技术改造的全部费用。契约理论注重利益的均衡分配，所取得的收益将由契约双方分配，因此，合同节水管理是一种新型的市场化节水商业模式。在进行合同节水管理的过程中，核心部分是节水服务企业与用水单位订立的契约，通过契约促进合同节水交易的进行，规范双方的权利与义务，信守承诺，并依照契约来分配节水改造所取得的效益，从而促进交易的实现，推动合同节水管理事业的发展。

第四节　利益相关者理论

1984 年，弗里曼（Freeman）在其著作《战略管理：利益相关者管理的分析方法》中明确指出：能够对组织目标实现产生影响或者帮助组织目标实现的个人或群体为利益相关者。1993 年，经济学家克拉克逊又对利益相关者进行了界定，他指出能够帮助组织目标实现的所有参与者都是利益相关者[6]。由于组织中的每个利益相关者都有着各自的属性和特点，在组织中的分工和承担的责任不同，对组织所做出的贡献也有大有小，所以对待不同的利益相关者不一定要从同等的角度，可以将其分为不同的类型，进行差别化的管理。克拉克逊按照利益相关者在组织中所做贡献程度的不同，将利益相关者划分为主要利益相关者和次要利益相关者两种类型。

根据合同节水管理中合同节水改造的不同内容，合同节水管理项目的利益相关者也可以划分为主要利益相关者和次要利益相关者。主要利益相关者包括在合同节水管理项目改造后直接参与经济利益分配的组织或个体，如节水服务企业、相关融资机构和用水单位，在合同节水管理的收益分配中占据了大部分的利益，能够直接推动企业合同节水管理项目顺利实施；次要利益相关者包括间接参与合同节水管理项目，在改造、建设过程中产生合同关系且对整个合同节水改造产生的影响较小的组织或个体，如政府部门、招标单位、担保机构、教育部门等。主要利益相关者和次要利益相关者共同构成合同节水管理的利益相关者，皆是推动合同节水管理顺利实施和促进合同节水管理目标实现的必不可少的角色。同时，主要利益相关者为合同节水改造项目提供了可实施的环境，节水服务企业通过提供节水改造技术、管理服务设施助推了合同节水目标的实现。

第五节　新公共管理理论

20 世纪 70 年代以后，随着经济的快速发展，烦冗臃肿的政府机构使得政府工作效率极为低下，为了使政府跟上现代社会发展的步伐，解决政府失效和市场失灵带来的问题，Hood 等西方的一些经济学家提出了新公共管理理论[7]。新公共管理理论作为一种开放型的管理服务模式，强调政府的角色是“掌舵”而不是“划桨”，在管理的过程需引进市场机制或其他中介组织，充分发挥市场的经济主体作用和政府的服务型作用，并通过引入其他单位与公共部门开展合作和竞争，打破传统的以政府为主导型的管理模式，营造公平、良性的市场竞争机制，提高公共部门的服务质量和效率，从而使投入产出比达到最大化。

根据新公共管理理论，传统的以政府为主导的节水模式效率低下的原因在于官僚制度在公共服务中处于掌控地位，缺乏竞争、激励和监督等机制。因此，要实现新的节水管理模式，必须要引入市场机制，以市场为导向进行改革，将市场手段运用到节水管理模式中，用市场竞争的手段来提高节水管理的效率。新公共管理理论认为政府的职能是负责“掌舵”，主要利益相关者（如节水服务企业、相关融资机构和用水单位）的职能是“划桨”，这样可以自然而然地达到减少开支、提高效率的目的。

合同节水管理是节水服务企业和用水单位合作协同的节水模式，这种模式需要政府部门负责“掌舵”，并督促检查执行政策的实施；主要利益相关者在没有干扰的情况下负责“划桨”，在政策指导和规范下充分利用市场机制和企业管理理念，实现节水效益最大化。同时，政府需要转变观念，变被动服务为主动服务，不断增强服务意识，在合同节水管理中做到以节水服务企业和用水单位为本，把节水服务企业和用水单位是否满意作为衡量节水管理是否到位的重要标准，尊重节水服务企业和用水单位的主体地位。政府通过搭建节水服务企业和用水单位开展合作的桥梁，在合同节水改造方面提供宏观指引，积极鼓励用水单位在节水改造方面采取新举措，以满足相关机构和节水服务企业的需求。通过用水单位和节水服务企业签订节水合同，促使用水单位提高节水改造的积极性，并能够获取资金和节水改造技术来实现合同节水管理的目标，减少用水单位水资源的浪费，带来较好的社会效益和经济效益。

第六节　合同能源管理理论

合同能源管理（energy management contracting，EMC）是一种市场化的节能服务机制，是指节能服务公司与耗能单位对节能项目以契约形式约定具体的节能目标，节能服务公司为耗能单位服务以实现节能目标，而耗能单位以节能效益支付节能服务公司的投入及合理利润的一种运行机制[8]。合同能源管理一般包括节能效益分享型、节能量（率）保证型、能源费用托管型、融资租赁型及基于这四种模式的混合型节能模式。合同能源管理运营模式建立在社会能源节约的基础之上，有利于达到对能源总量控制的目的，从而实现利益的分享和共赢。合同能源管理的出现要追溯到20世纪70年代的全球性石油能源危机，石油能源危机刺激了发达国家对石油能源的需求，使国际市场上的石油价格大幅度提升，于是创新型的节能模式如雨后春笋般兴起。节能服务公司为客户提供能源审计、节能改造方案与设计、施工设计、项目融资节能总量和效益保证等服务，有利于维持节能总量和节能效益，实现节能公司与客户共同分享收益和利益共赢的目标。

合同能源管理是一种以控制能源消耗、改善能源结构和提高能源利用效率为手段，以保护环境为目的的商业性服务模式。对于节能主体而言，如果仅仅依靠自身去节能，那么节能成本就会很难控制，而节能服务公司则可以通过合同能源管理对节能实施改造，节能所需的投资由节能服务公司投入，从而可以大大节省节能用户的费用支出。科斯在 *The Nature of the Firm* 一书中指出，价格变动在生产环节中起着决定作用，对生产要素的流向起着引导作用。由于耗能企业自身的节能改造成本要远远大于节能服务公司提供的专业化成本，因此，耗能企业与节能服务公司进行合同节能的合作不仅能够促进节能服务公司的发展，而且有利于推动社会节能事业的跨越式发展。合同能源管理在20世纪90年代出现在我国，并且在“十二五”期间取得突破性成果。

水资源作为一种重要的能源，对生产、生活的正常进行具有举足轻重的作用，水资源短缺导致节约用水势在必行。合同能源管理作为节能减排最重要、最有效的手段之一，为创新节水工作机制提供了重要的借鉴，亟须结合水资源管理的特点和合同能源管理模式，探索实行合同节水管理。与合同能源管理的模式类似，合同节水管理是指节水服务企业用户以契约形式约定节水目标，为用水单位提供节水评价、融资、改造、管理等服务；用水单位以节水效益支付节水服务企业的投入及其合理利润的节水服务机制。合同节水管理通过依靠节水服务企业出资对管道老化、漏水滴水的设备进行改造，为用水单位节省水资源预算费用，并通过扣除每年节水所必需的处理费，将节水后节约下来的资金按合同约定比例进行分配，而节水系统和技术的所有权在合同结束后均归用水单位所有，节水服务企业取得相应分红，从而使双方都受益，实现共赢。此外，合同节水管理包含很多技术应用，如以管代渠输水技术、微润灌溉技术、痕量灌溉技术、毛细透排水灌溉技术、水稻田智能控制节水灌溉技术、海绵农田技术、高压细水雾生态栽培技术、水汽能提水技术等新能源技术。上述技术的应用可以显著节约用水成本，将对合同节水技术的发展创新及节水产品的推广产生极大的推动力。

第七节 数学相关基础理论

为了便于读者阅读，本节主要介绍一些后续内容涉及的数学基础理论，见文献[9]至文献[12]，具体如下。

定义 2.1 设 R 为实数域，称闭区间 $[a,b]$ 为闭区间数，其中 $a,b\in R$，$a\leqslant b$。若 $0<a\leqslant b$，则称 $[a,b]$ 为正区间数；若 $a\leqslant b<0$，则称 $[a,b]$ 为负区间数。

定义 2.2 设 $[a,b]$，$[c,d]$ 是实数域中的闭区间数，则其四则运算定义如下。

（1）$[a,b]+[c,d]=[a+c,b+d]$。

（2）$[a,b]-[c,d]=[a-d,b-c]$。

（3）$[a,b]\cdot[c,d]=[ac\wedge ad\wedge bc\wedge bd,ac\vee ad\vee bc\vee bd]$。

（4）$[a,b]\div[c,d]=[a/c\wedge a/d\wedge b/c\wedge b/d,a/c\vee a/d\vee b/c\vee b/d]$，$0\notin[c,d]$。

注：上述定义中关于区间数的运算也可扩充为任意区间，包括闭区间、开区间、半开半闭区间。

定义 2.3 由 $m\times n$ 个数 $a_{ij}\ (i=1,2,\cdots,m;\ j=1,2,\cdots,n)$ 排列成的 m 行 n 列的数表

$$\begin{matrix} a_{11} & a_{12} & \cdots & a_{1n} \\ a_{21} & a_{22} & \cdots & a_{2n} \\ \vdots & \vdots & & \vdots \\ a_{m1} & a_{m2} & \cdots & a_{mn} \end{matrix}$$

为 m 行 n 列矩阵。为表示它是一个整体，总是加一个括弧，并用大写字母 A 表示，记作：

$$A=\begin{pmatrix} a_{11} & a_{12} & \cdots & a_{1n} \\ a_{21} & a_{22} & \cdots & a_{2n} \\ \vdots & \vdots & & \vdots \\ a_{m1} & a_{m2} & \cdots & a_{mn} \end{pmatrix}$$

这 $m\times n$ 个数称为矩阵 A 的元素，简称为元，数 a_{ij} 位于矩阵 A 的第 i 行第 j 列，称为矩阵 A 的 (i,j) 元。以数 a_{ij} 为 (i,j) 元的矩阵可简记作 (a_{ij}) 或

$\left(a_{ij}\right)_{m\times n}$, $m\times n$矩阵A也记作$A_{m\times n}$。

元素为实数的矩阵称为实矩阵，元素为复数的矩阵称为复矩阵，本书中的矩阵都指实矩阵。行数和列数都等于n的矩阵称为n阶矩阵或n阶方阵。n阶方阵：

$$E=\begin{pmatrix}1 & 0 & \cdots & 0\\ 0 & 1 & \cdots & 0\\ \vdots & \vdots & & \vdots\\ 0 & 0 & \cdots & 1\end{pmatrix}$$

称为n阶单位矩阵，也称n阶单位阵。

定义 2.4　对n阶矩阵A，如果存在一个n阶矩阵B，使

$$AB=BA=E$$

则称矩阵A是可逆的，并把矩阵B称为A的逆矩阵，简称逆阵。

注：如果矩阵A是可逆的，那么A的逆矩阵是唯一的。

定义 2.5　如果矩阵$A\in R^{n\times n}$满足

$$A^{\mathrm{T}}A=E\ （即\ A^{-1}=A^{\mathrm{T}}\ ）$$

那么称A为正交矩阵，其中E为n阶单位矩阵。

定义 2.6　设$A=\left(a_{ij}\right)$是一个$m\times s$矩阵，$B=\left(b_{ij}\right)$是一个$s\times n$矩阵，那么规定矩阵A与矩阵B的乘积是一个$m\times n$矩阵$C=\left(c_{ij}\right)$，其中

$$c_{ij}=a_{i1}b_{1j}+a_{i2}b_{2j}+\cdots+a_{is}b_{sj}=\sum_{k=1}^{n}a_{ik}b_{kj},\quad i=1,2,\cdots,m;\quad j=1,2,\cdots,n$$

并把此乘积记作

$$C=AB$$

定义 2.7　设A为n阶矩阵，如果数λ和n维非零列向量x使关系式$Ax=\lambda x$，成立，那么，称数λ为矩阵A的特征值，称非零向量x为A的对应特征值λ的特征向量。

定义 2.8　将随机试验E的所有可能结果组成的集合S称为E的样本空间。

定义 2.9　设E是随机试验，S是它的样本空间。对于E的每一事件A赋予一个实数$P(A)$，如果集合函数$P(\cdot)$满足下列条件。

（1）非负性：对于每一个事件A，有$P(A)\geqslant 0$。

（2）规范性：对于必然事件S，有$P(S)=1$。

（3）可列可加性：设$A_1,A_2,\cdots$是两两互不相容的事件，即对于$A_iA_j=\varnothing$，$i\neq j$，$i,j=1,2,\cdots$有

$$P(A_1 \cup A_2 \cup \cdots) = P(A_1) + P(A_2) + \cdots$$

则称 $P(A)$ 为事件 A 发生的概率，表示事件 A 在一次实验中发生的可能性的大小。

定义 2.10 设随机试验的样本空间为 $S = \{e\}$，称定义在样本空间 S 上的实值单值函数 $X = X(e)$ 为随机变量。

定义 2.11 某些随机变量，它全部可能取到的值是有限个或可列无限多个，这种随机变量称为离散型随机变量。

定义 2.12 设离散型随机变量 X 所有可能的取值为 $x_k\,(k = 1, 2, \cdots)$，称 X 取各个可能值 x_k 的概率

$$P\{X = x_k\} = p_k\,,\quad k = 1, 2, \cdots$$

为离散型随机变量 X 的分布律。

定义 2.13 设 X 是一个随机变量，x 是任意实数，称函数

$$F(x) = P\{X \leqslant x\},\quad -\infty < x < \infty$$

为 X 的分布函数。

定义 2.14 设 $F(x)$ 为随机变量 X 的分布函数，若存在非负可积函数 $f(x)$，对于任意实数 x 有

$$F(x) = \int_{-\infty}^{x} f(t)\,\mathrm{d}t$$

则称 X 为连续型随机变量，$f(x)$ 称为 X 的概率密度函数。

定义 2.15 设离散型随机变量 X 的分布律为 $P\{X = x_k\} = p_k$，$k = 1, 2, \cdots$。若级数

$$\sum_{k=1}^{\infty} x_k p_k$$

绝对收敛，则称级数 $\sum_{k=1}^{\infty} x_k p_k$ 的和为随机变量 X 的数学期望，记为 $E(X)$。

定义 2.16 设连续型随机变量 X 的概率密度函数为 $f(x)$，若积分

$$\int_{-\infty}^{\infty} x f(x)\mathrm{d}x$$

绝对收敛，则称积分 $\int_{-\infty}^{\infty} x f(x)\mathrm{d}x$ 的值为随机变量 X 的数学期望，记为 $E(X)$，称为期望，又称为均值。

定义 2.17 设 X 为随机变量，若 $E\{[X - E(X)]^2\}$ 存在，则称 $E\{[X - E(X)]^2\}$ 为 X 的方差，记为 $D(X)$ 或 $\mathrm{Var}(X)$，即

$$D(X) = \mathrm{Var}(X) = E\{[X - E(X)]^2\}$$

定义 2.18　设二元函数 $z=f(x,y)$ 的定义域为 D，$P_0(x_0,y_0)$ 为 D 的内点。若存在 P_0 的某个邻域 $U(P_0)\subset D$，使得对于该邻域内异于 P_0 的任何点 (x,y)，都有

$$f(x,y)<f(x_0,y_0)$$

则称函数 $z=f(x,y)$ 在点 (x_0,y_0) 有极大值 $f(x_0,y_0)$，点 (x_0,y_0) 称为函数 $f(x,y)$ 的极大值点；若对于该邻域内异于 P_0 的任何点 (x,y)，都有

$$f(x,y)>f(x_0,y_0)$$

则称函数 $z=f(x,y)$ 在点 (x_0,y_0) 有极小值 $f(x_0,y_0)$，点 (x_0,y_0) 称为函数 $f(x,y)$ 的极小值点。极大值、极小值统称为极值，使得函数取得极值的点称为极值点。

二元函数的极值问题，一般可利用关于 x,y 偏导数 $f_x(x,y)$，$f_y(x,y)$，结合下面定理解决。

定理 2.1（必要条件）　若函数 $z=f(x,y)$ 在点 (x_0,y_0) 具有偏导数，且在点 (x_0,y_0) 处有极值，则

$$f_x(x_0,y_0)=0\text{，}\quad f_y(x_0,y_0)=0$$

定理 2.2（充分条件）　设函数 $z=f(x,y)$ 在点 (x_0,y_0) 的某邻域内连续且有一阶及二阶连续偏导数，又 $f_x(x_0,y_0)=0$，$f_y(x_0,y_0)=0$。令

$$f_{xx}(x_0,y_0)=A\text{，}f_{xy}(x_0,y_0)=B\text{，}f_{yy}(x_0,y_0)=C$$

则 $f(x,y)$ 在 (x_0,y_0) 处是否取得极值的条件如下。

（1）$AC-B^2>0$ 时具有极值，且当 $A<0$ 时有极大值，当 $A>0$ 时有极小值。

（2）$AC-B^2<0$ 时没有极值。

（3）$AC-B^2=0$ 时可能有极值，也可能没有极值，还需另作讨论。

利用定理 2.1 和定理 2.2，可以把具有二阶连续偏导数的函数 $z=f(x,y)$ 的极值的求解方法叙述如下。

第一步，解方程组：

$$f_x(x,y)=0,\quad f_y(x,y)=0$$

求得一切实数解，即可求得一切驻点。

第二步，对于每一个驻点 (x_0,y_0)，求出二阶偏导数的值 A、B 和 C。

第三步，确定 $AC-B^2$ 的符号，按定理 2.2 的结论判定 $f(x_0,y_0)$ 是否是极值，判断是极大值还是极小值。

第八节 灰色系统预测方法

为了研究现实世界中广泛存在的小数据、贫信息等不确定性问题，邓聚龙教授于 1982 年创立了灰色系统理论（grey system theory，GST）。该理论以“部分信息已知，部分信息未知”的小数据、贫信息不确定性系统为研究对象，通过对部分已知信息的挖掘，提取有价值的信息，实现对系统运行行为、演化规律的正确描述和有限监控[13]，现已成为研究小数据、贫信息等不确定性问题的有力工具。为了后续研究方便，本节对其中的GM(1,1)模型进行简要介绍。

一、GM(1,1)简介

设已知参考序列为 $x^{(0)}=\left(x^{(0)}(1),x^{(0)}(2),\cdots,x^{(0)}(n)\right)$，做 1 次累加生成序列：

$$\begin{aligned}x^{(1)}&=\left(x^{(1)}(1),x^{(1)}(2),\cdots,x^{(1)}(n)\right)\\&=\left(x^{(0)}(1),x^{(0)}(1)+x^{(0)}(2),\cdots,x^{(0)}(1)+\cdots+x^{(0)}(n)\right)\end{aligned}$$

即 $x^{(1)}(k)=\sum_{i=1}^{k}x^{(0)}(i)$， $k=1,2,\cdots,n$ 。

定义 $x^{(1)}$ 的灰导数为

$$\frac{\mathrm{d}x^{(1)}(t)}{\mathrm{d}t}=x^{(0)}(k)=x^{(1)}(k)-x^{(1)}(k-1)$$

$x^{(1)}$ 的均值生成序列为

$$z^{(1)}=\left(z^{(1)}(2),z^{(1)}(3),\cdots,z^{(1)}(n)\right)$$

其中， $z^{(1)}(k)=0.5x^{(1)}(k)+0.5x^{(1)}(k-1)$ ， $k=2,3,\cdots,n$ 。

于是定义 GM(1,1)的灰微分方程模型为

$$\frac{\mathrm{d}x^{(1)}(t)}{\mathrm{d}t}+az^{(1)}(t)=b \tag{2-1}$$

即

$$x^{(0)}(k)+az^{(1)}(k)=b \tag{2-2}$$

其中， $x^{(0)}(k)$ 为灰导数； a 为发展系数； $z^{(1)}(k)$ 为白化背景值； b 为灰色作用量。

将时刻 $k=2,3,\cdots,n$ 代入式（2-2）中，有

$$\begin{cases} x^{(0)}(2)+az^{(1)}(2)=b \\ x^{(0)}(3)+az^{(1)}(3)=b \\ \vdots \\ x^{(0)}(n)+az^{(1)}(n)=b \end{cases}$$

称 $Y=\left(x^{(0)}(2),x^{(0)}(3),\cdots,x^{(0)}(n)\right)^{\mathrm{T}}$ 为数据向量， $u=(a,b)^{\mathrm{T}}$ 为参数向量，

$B=\begin{bmatrix} -z^{(1)}(2) & 1 \\ -z^{(1)}(3) & 1 \\ \vdots & \vdots \\ -z^{(1)}(n) & 1 \end{bmatrix}$ 为数据矩阵，则 GM(1,1)模型可以表示为矩阵方程 $Y=Bu$。

由最小二乘法可以求得

$$\hat{u}=\left(\hat{a},\hat{b}\right)^{\mathrm{T}}=\left(B^{\mathrm{T}}B\right)^{-1}B^{\mathrm{T}}Y$$

于是解式（2-1）得

$$\hat{x}^{(1)}(t)=\left(x^{(0)}(1)-\frac{\hat{b}}{\hat{a}}\right)\mathrm{e}^{-\hat{a}t}+\frac{\hat{b}}{\hat{a}}$$

二、GM(1,1)步骤

（一）数据处理

首先，计算给定数据序列的级比：

$$\lambda(k)=\frac{x^{(0)}(k-1)}{x^{(0)}(k)}, \quad k=2,3,\cdots,n$$

若所有的级比 $\lambda(k)$ 都落在可容覆盖 $\theta=\left(\mathrm{e}^{-\frac{2}{n+1}},\mathrm{e}^{\frac{2}{n+1}}\right)$ 内，则序列 $x^{(0)}$ 通过检验。否则，需要取适当的正常数 c，作平移变换：

$$y^{(0)}(k)=x^{(0)}(k)+c, \quad k=1,2,\cdots,n$$

对序列 $x^{(0)}$ 进行变换处理，使序列 $y^{(0)}=\left(y^{(0)}(1),y^{(0)}(2),\cdots,y^{(0)}(n)\right)$ 的级比：

$$\lambda_y(k)=\frac{y^{(0)}(k-1)}{y^{(0)}(k)}\in\theta, \quad k=2,3,\cdots,n$$

（二）模型建立

建立 GM(1,1)的灰微分方程模型：

$$\frac{\mathrm{d}x^{(1)}(t)}{\mathrm{d}t}+az^{(1)}(t)=b$$

通过上面模型可以得到预测值：

$$\hat{x}^{(1)}(k-1)=\left(x^{(0)}(1)-\frac{\hat{b}}{\hat{a}}\right)\mathrm{e}^{-\hat{a}k}+\frac{\hat{b}}{\hat{a}}，\quad k=2,3,\cdots,n$$

其中，$\hat{x}^{(0)}(1)=\hat{x}^{(1)}(1)$，$\hat{x}^{(0)}(k+1)=\hat{x}^{(1)}(k+1)-\hat{x}^{(1)}(k)$，$k=1,2,\cdots,n$。

（三）误差检验

误差检验主要有以下两种方式。

1. 相对误差检验

计算相对误差：

$$\delta(k)=\frac{\left|x^{(0)}(k)-\hat{x}^{(0)}(k)\right|}{x^{(0)}(k)}，\quad k=1,2,\cdots,n$$

其中，$\hat{x}^{(0)}(1)=x^{(0)}(1)$。如果$\delta(k)<0.2$，则认为达到一般要求；如果$\delta(k)<0.1$，则认为达到较高要求。

2. 级比偏差值检验

由参考序列计算出级比$\lambda(k)$，然后结合发展系数$\hat{a}$求出相应的级比偏差。

$$\rho(k)=\left|1-\left(\frac{1-0.5\hat{a}}{1+0.5\hat{a}}\right)\lambda(k)\right|，\quad k=2,3,\cdots,n$$

如果$\rho(k)<0.2$，则认为达到一般要求；如果$\rho(k)<0.1$，则认为达到较高要求。

（四）预测预报

根据实际问题的需要，由GM(1,1)模型可得到给定点的预测值，进而得出相应的预测预报。

第九节　等级全息建模法

本节主要通过等级全息建模法，构建合同节水管理项目的等级全息建模框架，对合同节水管理风险的相关因素进行分析。

一、等级全息建模法简介

等级全息建模法（hierarchical holographic modeling，HHM）是由Haimes[14]于1981年提出的一种建模方法。等级是系统等级的不同层次出现的因素对事物考虑的视角，一般包括政治、经济、技术、社会、时间进程、外在环境、人为意识和组织关系等[15]。全息一词来源于全息摄影，是指通过多个不同视角、不同方位对系统进行观察和扫描，以期获得系统面临风险的多个视角图像[16]。等级全息建模法主要是将原系统分解成为多个子系统，子系统再以同样的方法继续向下分解，以此类推，直至得到最终所需的子系统。等级全息建模法是为了构建多层次、多视角的系统认知体系网，以方便了解系统中各级子系统间的交互效应。

二、合同节水管理项目的等级全息建模框架

Haimes 提出的等级全息建模法，可构建等级全息建模框架。等级全息建模法能够将一个大规模复杂的模型系统分成多个子系统，从而突破了单个系统的局限性，以便全面有效地表现复杂系统的真实情况[17]。

合同节水管理项目是一个整体系统，具有综合性和复杂性。系统的综合性体现在合同节水管理涉及的方面众多，而且参与主体较为广泛，包括政府、节水服务企业、第三方测评机构、用水单位等；其复杂性表现在项目合作周期长、实施影响因素多，并存在诸多潜在问题。因此，用单一的模型难以构建系统各要素间在不同层面、不同视角的关系，所以用单一的模型分析风险来源，具有一定的局限性。合同节水管理相关的风险因素，如图 2-1 所示。

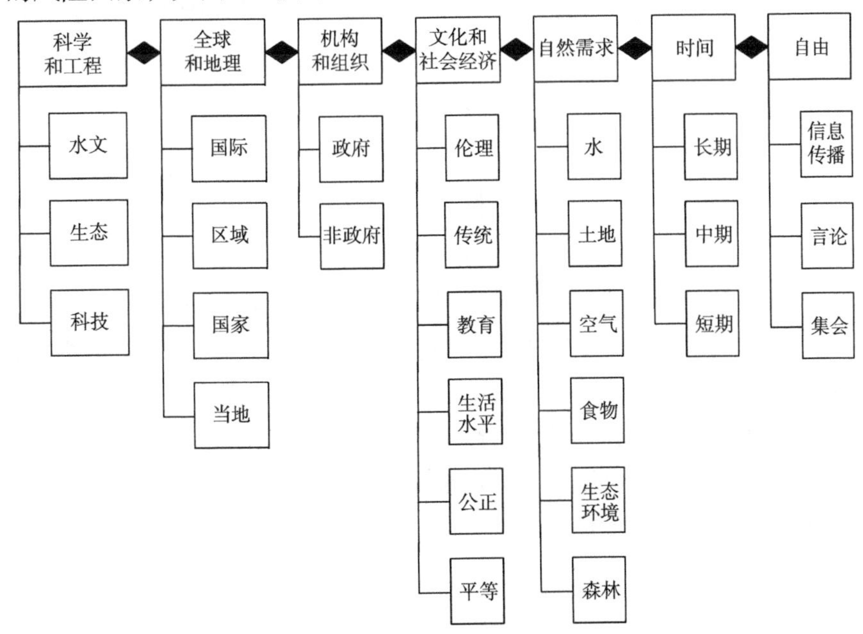

图 2-1　等级全息建模框架

（一）科学和工程因素

科学和工程因素主要考虑的是科技，即节水服务企业所提供的节水改造的技术或设备等因素。

（二）全球和地理因素

全球和地理因素主要包括国家、区域因素，即合同节水管理项目进行的地区内相关政策、法律和市场状态等因素。

（三）机构和组织因素

机构和组织因素主要包括政府和非政府机构因素，即与合同节水管理相关的全部利益相关者之间的联系等因素。

（四）文化和社会经济因素

文化和社会经济因素主要包括伦理等因素。结合合同节水管理项目，有关的因素主要是指节水信息的推广和用水单位的节水意愿等。

（五）自然需求因素

自然需求因素主要包括水、土地、空气、食物、生态环境、森林等因素。

（六）时间因素

时间因素主要包括合同节水管理长期、中期、短期。

（七）自由因素

自由因素主要包括信息传播、言论等因素。

综上分析，合同节水管理相关的风险因素主要包括节水服务企业的技术水平和管理水平、相关政策、法律和市场状态、利益相关方的履约情况、市场成熟度、节水信息推广程度等。

第十节　模糊综合评价法

模糊综合评价法通过对受多种因素影响的事件进行综合分析，进而获得相对全面的评价，是一种准确高效的多因素决策方法。该方法紧密结合定性分析与定量分析，运用定性分析对事件进行定性描述，从而对事件有客观的初步认知；同时运用定量分析对该事件进行严格的定量考量。因此，模糊综合评价法被广泛应用于多因素综合评价问题。为后续研究需要，本节对模糊综合评价法进行简要介绍。

一、建立评价指标体系，确定因素集

建立评价指标体系是确定因素集的重要方法。通过评价指标体系，结合所收集到的因素确定因素集 $A=\{A_1,A_2,\cdots,A_n\}$、第 i 个子因素集 $\{B_{i,1},B_{i,2},\cdots,B_{i,i_m}\}$，$i=1,2,\cdots,n$，分析层次间各因素的内在联系。

二、建立评价集

评价集是评价者根据实际需求对评价对象可能做出的各种评价结果组成的集合[18]。设由 N 种评价结果构成评价集：

$$V=\{V_1,V_2,\cdots,V_N\}$$

其中，$V_k(k=1,2,\cdots,N)$ 为各个评价结果。评价时可根据评价语反映出的数据，得到准确的评价结果。

三、确定风险因素权重集

层次分析法（analytic hierarchy process，AHP）是将问题按层次分解，对同一个层次内的诸多因素通过两两比较的方法确定相对于上一层目标的各自的权系数。利用 AHP 确定评价元素的权重，通常可按以下步骤进行。

（一）明确问题，建立层次结构

首先，明确研究问题的范围、对象、因素之间的相互关系及解决问题的方案等，对所研究的问题有一个清晰的认识。然后，建立层次结构，包括目标层、准则层和方案层，此外还可以建立子准则层。层次结构如图 2-2 所示。

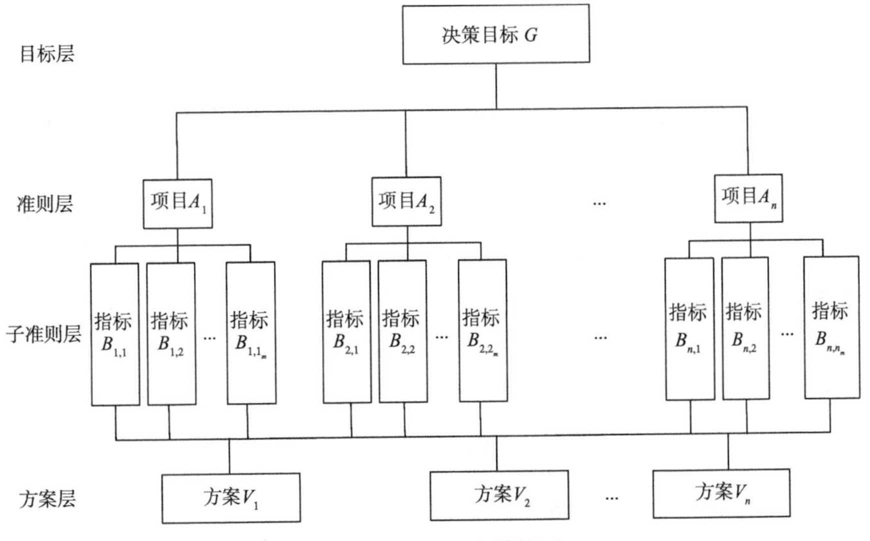

图 2-2　AHP 层次结构图

（二）构造判断矩阵

AHP 的赋值原理是对每一层因素的重要性程度进行两两比较，将赋值的结果用矩阵表示。通常，比较判断矩阵从准则层开始，在层内进行两两对比，按照相互对比的重要程度进行赋值，一般是从 1 到 9 进行重要程度的对比赋值。因素重要性程度判断标准如表 2-1 所示。

表 2-1 因素重要性程度判断标准表

赋值分值 a_{ij}	重要性等级评价
1	两者相比，具有同样重要性
3	两者相比，前者稍重要
5	两者相比，前者重要
7	两者相比，前者明显重要
9	两者相比，前者非常重要
2、4、6、8	重要程度介于相邻数值之间
倒数	上述对应的后者比前者重要的程度

（三）层次单排序

记 $A=\begin{pmatrix} 1 & a_{12} & \cdots & a_{1n} \\ a_{21} & 1 & \cdots & a_{2n} \\ \vdots & \vdots & & \vdots \\ a_{n1} & a_{n2} & \cdots & 1 \end{pmatrix}=(a_{ij})_{n\times n}$，表示因素集 $\{A_1,A_2,\cdots,A_n\}$ 的重要程度的判断矩阵，其中 $a_{ij}=1/a_{ji}$，$i,j=1,2,\cdots,n$。记 A 的最大特征根为 $\lambda_{\max}$，$\lambda_{\max}$ 的标准化特征向量为 $w=(w_1,w_2,\cdots,w_n)^{\mathrm{T}}$，则 $w_1,w_2,\cdots,w_n$ 的值就是因素集 $\{A_1,A_2,\cdots,A_n\}$ 的一个重要性程度的排序。

（四）权系数的一致性检验

系统的复杂性、专家的主观性和偏好性，在进行专家打分并构造判断矩阵时，易导致不一致现象的产生。例如，对三个因素 x_i、x_j、x_k 进行两两比较，x_i 与 x_j 比较得到 a_{ij}，x_j 与 x_k 比较得到 a_{jk}，x_i 与 x_k 比较得到 a_{ik}，然而所得到的结果 a_{ij}、a_{jk}、a_{ik} 就有可能出现 $a_{ij}a_{jk}\neq a_{ik}$。因此，就需要进行一致性检验来判定计算结果的可靠度。

衡量判断矩阵不一致程度的数量指标称为一致性指标，记为 CI，定义为

$$\mathrm{CI}=\frac{\lambda_{\max}-n}{n-1}$$

其中，n 为判断矩阵的阶数。

当 $\mathrm{CI}=0$ 时，判断矩阵所对应的重要性程度如果符合实际情况，即是

一致的，并且当CI的值越大时，其判断矩阵越不符合实际情况，即出现 $a_{ij}a_{jk} \neq a_{ik}$ 的情况，此时，不一致的程度就越严重。因此，为了判断得到的权重数值是否有意义，就需要引入一个新的随机一致性指标来进行判定，记为RI，定义为

$$RI = \frac{\bar{\lambda}_{max} - n}{n-1}$$

其中，$\bar{\lambda}_{max}$ 为多个 n 阶随机正互反矩阵最大特征值的平均值。通过计算可以得出RI对应阶数 n 的取值表，如表2-2所示。

表2-2　RI取值表

n	1	2	3	4	5	6	7	8	9
RI	0	0	0.58	0.90	1.12	1.24	1.32	1.41	1.45

任意的一阶、二阶正交矩阵一定符合实际情况，即它们是完全一致的。

计算一致性比例：

$$CR = \frac{CI}{RI}$$

CR的值越小，表明判断矩阵与实际情况越符合，偏离程度越低。通常，当 $CR \leqslant 0.1$ 就可以接受判断矩阵的一致性，可以认为判断矩阵是符合实际情况的，否则就需要对判断矩阵进行重新赋值调整。

（五）层次总排序

层次总排序就是计算方案层的各因素对目标层的相对重要性权重，需要由最顶层（目标层）到最底层（方案层）逐层进行。设当前层上的子因素为 $B_{i,1}, B_{i,2}, \cdots, B_{i,i_m}$，相关的上一层因素为 A_i，则对每个 A_i 可以得出一个权向量 $w^i = \left(w_1^i, w_2^i, \cdots, w_{i_m}^i\right)^T$，结合上一层子因素的权重 $w_1, w_2, \cdots, w_n$，通过计算可以得到当前层每个子因素的组合权系数：

$$w_i w_1^i, w_i w_2^i, \cdots, w_i w_{i_m}^i, \quad i = 1, 2, \cdots, n$$

按照此方法，采用自上而下的方式，逐层对所有子因素计算相应的权重，然后再计算子因素的组合权系数，以最底层权系数的分布数值为依据来确定各子因素重要性程度的总排序。

（六）组合权系数的一致性检验

层次总排序同样需要进行组合一致性检验，且该过程与层次单排序一致性检验相同。设子因素层 B 关于 A_i 的层次单排序一致性指标为CI，随机一致性指标为RI，则子因素集关于目标层的组合一致性指标为

$$\mathrm{CR}=\frac{\sum_{i=1}^{n} w_i \mathrm{CI}}{\sum_{i=1}^{n} w_i \mathrm{RI}}$$

当CR ≤ 0.1时，可认为层次总排序通过了一致性检验，得到的权系数是符合实际情况的，否则就需要重新调整判断矩阵。

四、确定各风险因素的隶属度

在模糊数学中，对于给定论域（即研究的范围）U，若对U中的任一元素x，都可以通过映射$\mu_A: U\to[0,1]$，$x\mapsto A(x)$与实数$A(x)\in[0,1]$相对应，则称映射μ_A确定了U的模糊子集A，μ_A称为A的隶属函数，$\mu_A(x)$称为x对A的隶属度。隶属度$\mu_A(x)$越接近于1，表示x隶属于A的程度越高；$\mu_A(x)$越接近于0，表示x隶属于A的程度越低。用取值于区间$[0,1]$的隶属函数$\mu_A(x)$表示x隶属于A的程度。

在模糊综合评价模型中，对因素集中的各个因素进行评价时，需要确定评价的对象隶属于评价集V中V_k的程度，进而可以得到子因素集A_i的隶属度矩阵：

$$R^i=\left(r_{lk}^i\right)_{i_m\times N},\quad i=1,2,\cdots,n,\quad l=1,2,\cdots,i_m,\quad k=1,2,\cdots,N$$

其中，r_{lk}^i为子因素集A_i中的子因素$B_{i,l}$关于V_k的隶属度。

五、建立模糊综合评价模型

模糊综合评价模型可以表示为

$$Y^i=\left(w^i\right)^{\mathrm{T}}\cdot R^i=\left(w_1^i,w_2^i,\cdots,w_{i_m}^i\right)\cdot\begin{pmatrix} r_{11}^i & r_{12}^i & \cdots & r_{1N}^i \\ r_{21}^i & r_{22}^i & \cdots & r_{2N}^i \\ \vdots & \vdots & & \vdots \\ r_{i_m1}^i & r_{i_m2}^i & \cdots & r_{i_mN}^i \end{pmatrix},\quad i=1,2,\cdots,n$$

六、模糊综合评价模型选择

在对实际问题进行分析时，需要根据不同的问题选择不同的模糊综合评价模型。目前，常用的模糊综合评价模型有五种，分别有不同的特点和适用场景，具体模型的含义和特点如表2-3所示。

表 2-3　五种常用模糊综合评价模型

模型类别	模型算子	运算符含义	特点
1	$M(\wedge,\vee)$	$a\wedge b=\min(a,b)$，$a\vee b=\max(a,b)$	主因素决定型
2	$M(\cdot,\vee)$	$a\cdot b=a\cdot b$，$a\vee b=\max(a,b)$	主因素突出型
3	$M(\cdot,\oplus)$	$a\cdot b=a\cdot b$，$a\oplus b=\min(a,b)$	有上界的加权平均型
4	$M(\wedge,\oplus)$	$a\wedge b=\min(a,b)$，$a\oplus b=\min(a+b,1)$	无实际意义
5	$M(\cdot,+)$	$a\cdot b=a\cdot b$，$a+b=a+b$	加权平均型

模型一：在因素较多时，存在众多影响较小的因素，由于隶属度 R_i 要满足归一性，因此，这些隶属度较小的因素通过取极大值的运算就会被“淹没”，最终模糊综合评价模型就会成为主因素决定模型。

模型二：此模型的隶属度是考虑 r_{ij} 的修正参数，对 r_{ij} 规定一个上限并乘以一个小于 1 的系数后，虽然与因素的重要性有关，但仍然没有权系数的含义，并不能完整地包含所有因素对目标层的影响，所以此模型也是主因素突出型的模糊综合评价模型。

模型三：此模型不仅考虑了主要因素对目标层的影响，也将所有因素的相互影响融入了评价集 V 的隶属度 r_{ij} 的计算过程。此时，各因素所对应的权重 w_i 代表各因素重要性的权系数，而且满足 $\sum_{i=1}^{n} w_i = 1$。因此，模型三被称为有上界的加权平均型的模糊综合评价模型。

模型四：此模型在考虑因素集时，与模型三相同，同样包含了所有因素对目标层的影响。不同的是，此模型规定了隶属度 r_{ij} 具有上限 w_i，其作用是为了修正隶属度，从而得到更加准确的评价结果，但此模型在一些特殊情况下不具有实际意义。因为当各隶属度 r_{ij} 取值较大时，重要的一些目标评价值 y_i 会相等，且等于 1；而当各隶属度 r_{ij} 取值较小时，重要的目标评价值 y_i 将会直接等于各 r_{ij} 之和，此时将难以对这些因素指标进行重要性评价。

模型五：上述四个模型都是针对某种特殊情况建立的，在评判过程中会造成有用信息不同程度的损失，而该模型可综合考虑各因素的相互影响，充分保留了有用信息。

参考文献

[1] Samuelson P A. The pure theory of public expenditure[J]. The Review of Economics

and Statistics，1954，36（4）：387-389.

[2] Samuelson P A. Diagrammatic exposition of a theory of public expenditure[J]. Review of Economics and Statistics，1955，37（4）：350-356.

[3] Musgrave R A. The Theory of Public Finance：A Study in Public Economy[M]. New York：McGraw-Hill，1959.

[4] 陈新夏. 马克思主义经典著作导读[M]. 北京：高等教育出版社，2013.

[5] Oliver H，Bengt H. Advances in Economic Theory：The Theory of Contracts[M]. Cambridge：Cambridge University Press，1987.

[6] Clarkson M B E. A stakeholder framework for analyzing and evaluating corporate social performance[J]. The Academy of Management Review，1995，20（1）：92-117.

[7] Hood C. The Art of the State：Culture，Rhetoric，and Public Managament[M]. Oxford：Clarendon Press，1998.

[8] Rogers G. Contract energy management[J]. The Journal of the Institute of Hospital Engineering，1987，41：16-18.

[9] 罗承忠. 模糊集引论（上册）[M]. 北京：北京师范大学出版社，2005.

[10] 同济大学数学系. 线性代数[M]. 6 版. 北京：高等教育出版社，2014.

[11] 盛骤，谢式千，潘承毅. 概率论与数理统计[M]. 4 版. 北京：高等教育出版社，2008.

[12] 同济大学应用数学系. 高等数学[M]. 5 版. 北京：高等教育出版社，2002.

[13] 刘思峰，等. 灰色系统理论及其应用[M]. 8 版. 北京：科学出版社，2017.

[14] Haimes Y Y. Hierarchical holographic modeling [J]. IEEE Transactions on System，Man，and Cybernetics，1981，11（9）：606-617.

[15] 郭晖，陈向东，董增川，等. 基于合同节水管理的水权交易构建方法[J]. 水资源保护，2019，35（3）：33-38，62.

[16] 汪伦焰，武杨凯，李慧敏，等. 基于云模型的合同节水管理风险评价[J]. 节水灌溉，2019，5：104-108.

[17] 徐富民. 合同节水管理模式在高校节水实践探索[J]. 科学技术创新，2018，28：153-154.

[18] 张秋文，章永志，钟鸣. 基于云模型的水库诱发地震风险多级模糊综合评价[J]. 水利学报，2014，45（1）：87-95.

第三章　合同节水管理基础理论探究

本章将结合第二章合同节水管理涉及的相关理论，对合同节水管理的基础理论，包括内涵、特点、实施主体、运行机制、运行模式、管理流程和适用范围等进行详细分析与探究。

第一节　内　涵

合同节水管理是基于合同能源管理理论（见第二章第六节）提出的一种基于市场运作的全新节水机制，可以为用水单位和节水服务企业带来双赢的经济效益。本节将主要阐述合同节水管理的基本内涵，通过与节水型社会中节水内涵进行比较，得出合同节水管理的特色。

一、节水的内涵

根据第二章第一节公共物品理论，水资源具有公共物品的特性（即非竞争性和非排他性），是一种准公共物品，其节约、保护和治理需要社会各界的共同努力。

节水是实现水资源优化配置与可持续利用的前提和关键[1]。《全国节水规划纲要（2001—2010年）》将节水定义为“采取现实可行的综合措施，减少水的损失和浪费，提高用水效率，合理和高效利用水资源”。2002年水利部印发的《开展节水型社会建设试点工作指导意见》将节水界定为“在不降低人民生活质量和经济社会发展能力的前提下，采取综合措施，减少取用水过程中的损失、消耗和污染，杜绝浪费，提高水的利用效率，科学合理和高效利用水资源”。因此，节水的内涵是对水的减量化、高效化、循序化、生态化及规制化的综合利用，其中水的减量化和高效化利用指减少水资源的消耗和浪费，提高水的利用效率；水的循序化和生态化利用指通过节水管控，实现水资源循环利用、梯级利用和一水多用，并减少水资源的污染和过度开发；水的规制化利用指通过管理手段建章立制，实施用水全过程严格的节水管理[2]。

二、合同节水管理的内涵

借鉴国内外推行合同能源管理的经验教训，水利部综合事业局于2014年率先提出了合同节水管理思想，与河北工程大学共同提炼出了“募集社会资本+集成先进适用节水技术+对目标项目进行节水技术改造+建立长效节水管理机制+分享节水效益”的合同节水管理新型市场化节水商业模式，首先在国内高校河北工程大学（即用水单位），联合北京国泰（即专业化的节水服务企业）共同实施了合同节水管理试点项目，为加强水资源的节约、保护和利用建立了一套行政管理与市场行为紧密结合的服务机制。因此，合同节水管理需要政府、节水服务企业和用水单位的协同合作，是一种复杂的社会管理活动，是公共物品理论（见第二章第一节）在节水管理领域的具体实现。

此外，合同节水管理是一种新型的市场化节水商业模式。在进行合同节水管理的过程中，核心部分是节水服务企业与用水单位订立的契约，通过契约促进合同节水交易的进行，规范双方的权利与义务，并依照契约来分配节水改造所取得的效益，以达到长期节水的目的。因此，合同节水管理是依据契约理论（见第二章第三节）建立的一种节水管理的长效合作模式。

由上述实践案例可知，合同节水管理的内涵是通过专业化的节水服务企业与用水单位签订节水管理合同，为用水单位提供节水诊断、融资、技术改造、工程建设等服务，并以分享节水效益等方式回收投资、获得合理利润的一种新型节水模式[3]。

第二节　特　　点

通过对合同节水管理的内涵分析可知，相比于传统的节水模式，合同节水管理具有以下显著特点。

一、投资主体多元化

在合同节水管理中，节水服务企业联合融资机构，通过搭建投融资平台，广泛吸收社会资本，对节水项目进行投资，逐步形成了“政府引导、市场推动、多元投资、社会参与”的节水资本投入新机制，呈现出了投资主体多元化的特点。

二、节水服务集成化

合同节水管理通过节水服务企业与用水单位签订节水合同，节水服务企业负责提供用水审计、节水项目设计、融资、施工建设及运行管理等一体化的集成服务，改变了以往节水项目“重建设，轻管理”的运作模式，有效地保证了节水目标的达成。

三、技术推广市场化

相比于传统的节水模式，合同节水管理以市场需求为导向，节水服务企业通过搭建技术集成平台，优先选择先进实用的节水技术，能够有效促进节水技术的市场化与技术创新的良性循环。

四、节水管理产业化

节水市场的巨大需求必将推动节水服务产业的繁荣发展，节水管理也将由以政府主导逐渐向行业自律管理的产业化方式转变。同时，节水管理以科技创新和商业模式创新为支撑，可以推动节水技术成果转化与推广应用，推广先进节水工艺、技术、设备，推动各地合同节水经验的交流，从而促进合同节水管理的产业化和规模化发展。

五、政府引导和市场主导

合同节水管理事业和节水服务产业的发展需要良好的政策环境和市场环境，因此，政府应充分发挥政策的引导作用，为合同节水和节水服务产业的发展保驾护航；同时，市场也应充分发挥其在资源配置中的决定性作用，广泛吸引社会资本的参与，搭建融资平台，激发用水单位参与合同节水的积极性和主动性，促进合同节水管理事业的持续良性发展。

第三节 实 施 主 体

根据利益相关者理论，合同节水管理的利益相关者可以划分为主要利益相关者和次要利益相关者。本节将在此基础上，分析阐述节水改造的实施主体。

一、节水服务企业

节水服务企业通过与用水单位签订合同，利用募集的社会资本，采用集成的综合节水技术为用水单位提供节水服务，调动用水单位参与节水技术改造的积极性和主动性，可以有效降低用水单位节水技术改造的成本，弥补用水单位节水技术能力的不足。节水服务企业可以从用水单位减少的用水成本中收回投资和获取收益，并获得政府节水减排的奖励基金，是合同节水管理节水改造的实施主体。

二、节水服务企业需具备的基本能力

（一）节水技术集成能力

节水服务企业以提供节水服务为主，不仅负责项目的资金投入、运营和管理等事务，还承担着改进和创新节水技术、节水设备、节水生产工艺的重要任务，应具备集成各种先进节水技术的能力，并能将节水集成技术应用到节水工作中。因此，技术集成能力是节水服务企业的核心能力，也是合同节水管理推广运用的关键环节。

（二）社会融资能力

合同节水管理具有资金一次性投入、分期收回、投资额大、回收期长的特点，节水技术改造项目所需的资金由节水服务企业先期投入。如果没有良好的融资能力，节水服务企业会因为资金链断裂而无法正常运作。因此，节水服务企业利用各种渠道获取改造资金的能力是决定其能否在节水服务市场上立足的关键因素。

（三）项目管理能力

合同节水管理的施工组织及运行维护对节水效果至关重要，是项目能否长期获得节水效益、先期投资能否及时收回的关键环节。节水工程项目施工管理是一项综合性的管理工作，涉及工程进度控制、技术质量管理、材料设备管理、安全生产管理、工程成本控制、现场文明施工及后勤保障等。所以，节水服务企业要有专门的项目管理团队以确保每一个项目的节水技术改造均能取得成功。因此，节水服务企业只有不断提高管理能力，才能不断地从节水减污中获得经济效益。

尽管节水服务企业是合同节水管理节水改造的实施主体，但用水单位作为另一个主要利益相关者，需要认识到保护、节约水资源这种公共物品的重要意义，应积极参与到合同节水管理项目中来。依据第二章第二节的社会分工理论，节水服务企业和用水单位需要分工合作，才能实现共赢，两者缺一不可。所以，合同节水管理是利益相关者理论（见第二章第四节）和社会分工理论在实践中的具体运用，需要节水服务企业与用水单位的积极参与和大力合作。

第四节　运 行 机 制

根据第二章第五节新公共管理理论，传统的以政府为主导的节水模式效率低下的原因在于官僚制度在公共服务中的掌控性，缺乏竞争、激励和监督等机制。因此，要实现新的节水管理模式，必须要引入市场机制，以市场为导向进行改革，将市场手段运用到节水管理模式中，用市场手段来提高节水管理的效率。在合同节水管理项目中，节水服务企业重视自身的眼前利益，用水单位对水资源这种公共物品的节约、保护和治理意识薄弱，参与积极性不高。因此，建立合同节水管理的运行机制还需要政府通过行使管理经济和公共事务职能来协调节水服务企业与用水单位的各自利益，是一种复杂的社会管理活动。

一、运行机制框架

合同节水管理作为一种创新的节水管理机制，以“政府+市场+节水行业自律组织”为运行机制框架。在运行机制框架中，政府的监督管理是前提，市场是运行机制的核心，节水行业自律组织是联系政府与市场的一种中间自治组织，如图 3-1 所示。

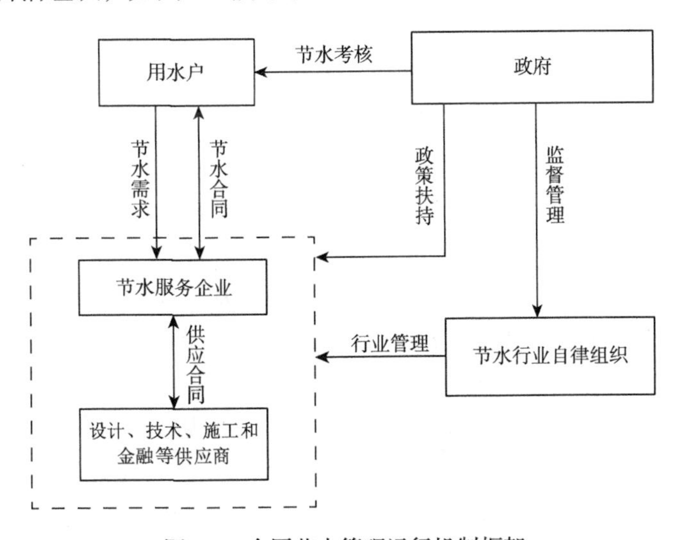

图 3-1　合同节水管理运行机制框架

二、运行机制要素分析

（一）政府监管的核心——形成节水倒逼机制

1. 建立节水考核机制

实施合同节水管理的核心是建立最严格的节水管理责任与考核制度，从制度上加强节水管理。同时，要将节水目标考核纳入最严格的节水管理制度考核体系，加强对政府管理部门和高耗水企业的节水考核力度，将考核结果作为综合考评的重要依据，制定奖励与惩罚措施，形成促进节水市场和节水服务产业发展的倒逼机制。

2. 强化用水定额管理

按照水利部《用水定额编制技术导则》，结合区域产业结构特点和经济发展水平，尽快制定农业、工业等各行业用水定额，加快完善用水定额标准体系的构建[4]，加强用水定额标准的定期修订工作。同时，加强对用水定额的监督管理，制定超定额累进加价政策，提高高耗水、高污染排放企业的用水代价和用水效率。

3. 加强计量监控体系建设

准确的取用水计量可为节水考核和节水效益的测算提供可靠的数据支撑。因此，应进一步加强取用水计量监督管理，加快完善各类计量技术标准建设，制定出台取用水计量、统计、监测等管理办法，促进先进的计量设备和设施的推广应用，建立和完善用水单位取用水计量监控体系，为节水考核和节水效益的测算提供客观数据。

（二）市场机制的核心——发挥节水服务企业主体作用

1. 建立水价市场化形成机制

市场在节水服务产业的发展中起主导作用，应通过推进水价、水资源税费改革，进一步理顺各类水价的比价关系，拉开高耗水、高污染行业和其他行业的水价差距，逐步实施超定额累进的水价加价制度，最终建立反映水资源稀缺性和供求关系的水价市场化形成机制。

2. 壮大节水服务企业

在合同节水管理中，节水服务企业是以营利为目的的专业化公司，为用水单位提供用水审计、项目设计、融资、改造、运行管理等服务。目前，很多节水服务企业刚刚成立，政府应加强政策引导和扶持，支持节水服务企业逐步发展壮大，培育一批具有较强竞争力的节水服务企业。

3. 打造节水技术联盟

在传统的节水管理模式中，节水技术只涉及其中一个或几个环节，难以形成技术的有效集成，而在合同节水管理模式中，节水服务企业可通过合同契约的方式，与具备节水技术、节水设备的优势企业建立节水技术联盟，共同参与节水项目的技术改造，为用水单位提供高效的节水技术集成服务。

4. 搭建节水投融资平台

传统的节水模式资金往往来源于单一的政府财政资金，合同节水管理模式最大限度地调动了社会资本的参与性，形成了以“政府财政”和“社会资本”两手发力的投融资模式，节水服务企业可以通过预期的节水收益，搭建节水投融资平台，广泛吸引银行、基金等社会资本参与合同节水项目。

（三）节水行业自律组织——推动节水服务产业健康发展

1. 建立节水服务行业自律组织

随着节水服务产业的逐步发展，节水服务企业的数量规模也逐渐壮大，这就需要建立节水服务行业的自律组织，以加强节水服务企业与政府的联系和沟通为目的，履行节水项目咨询、信息发布、技术服务及培训等多方面的服务职能，促进节水服务行业的健康、有序发展。

2. 规范壮大节水服务中介机构

节水服务中介机构主要包括节水量检测、用水审计等，可为合同节水管理项目的实施提供科学、独立的技术服务。由于节水量直接关系到节水效益的测算，以及项目参与各方的利益，所以在发展壮大节水服务中介机构的同时，也应规范节水服务中介机构的市场准入和资质管理，约束其执业行为，保证节水量检测的准确性。

第五节　运 行 模 式

在合同节水模式设计中，要综合考虑合同节水管理过程中各参与方的利益，力求做到多方共赢，充分调动各参与方的积极性，以保证合同节水管理的健康发展。借鉴合同能源管理的模式，合同节水管理模式主要有节水效益分享型、节水效果保证型、固定投资回报型、水费托管型和节水设备租赁型等五种合同节水管理的运行模式，本节将分别进行介绍。

一、节水效益分享模式

节水效益分享模式是指节水服务企业提供项目改造资金和全程技术服务，在合同期内与用水单位按照合同约定的比例分享节水效益，合同期满后节水设备的所有权归用水单位的节水管理模式。确定节水服务企业分享效益的额度和分享期限是该模式的主要环节，一般按照风险收益对等的原则来确定效益分享额，即承担的风险与分享的效益成正比。

节水效益分享模式（图 3-2）主要适用于高耗水工业企业、公共机构等用水大户，是合同节水管理的主要方式。

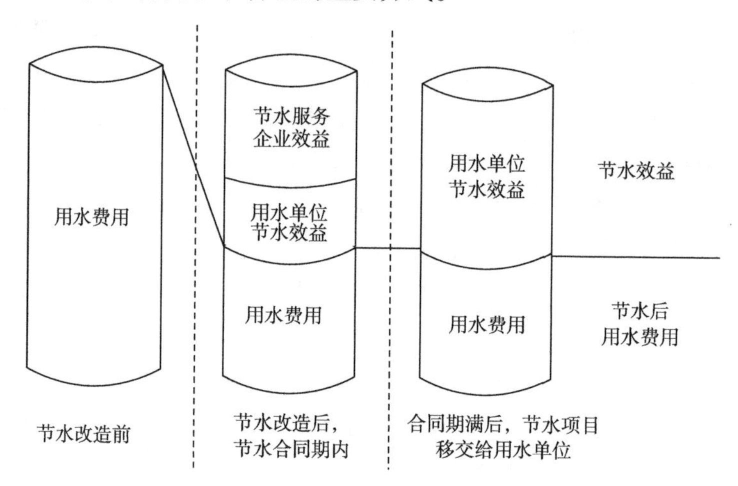

图 3-2　节水效益分享模式示意图

二、节水效果保证模式

节水效果保证模式是指节水服务企业与用水单位通过签订节水效果保证合同，用水单位先期支付节水改造费用，如果达到约定的节水效果，用水单位再向节水服务企业支付部分节水效益，如果未达到约定的节水效果，节水服务企业对用水单位兑现合同约定的费用补偿。

节水项目实施前，用水单位向节水服务企业支付节水技术改造费用，同时，节水服务企业对节水改造实施的节水效果做出承诺，对实施效果的误差提出相应的奖惩细则，由双方进行确认并形成正式的合同。然后，节水服务企业集成运用先进实用节水技术、工艺和产品，对指定项目进行节水技术改造，从而建立长效节水管理机制。项目竣工验收后，如改造项目未达到合同约定的节水效果，节水服务企业应按合同约定的条款向用水单位进行效果补偿。

节水效果保证模式（图 3-3）主要适用于节水难度较大、工艺复杂的节水改造项目，如钢铁、洗涤、印染、制革、煤化工等工业节水改造项目。

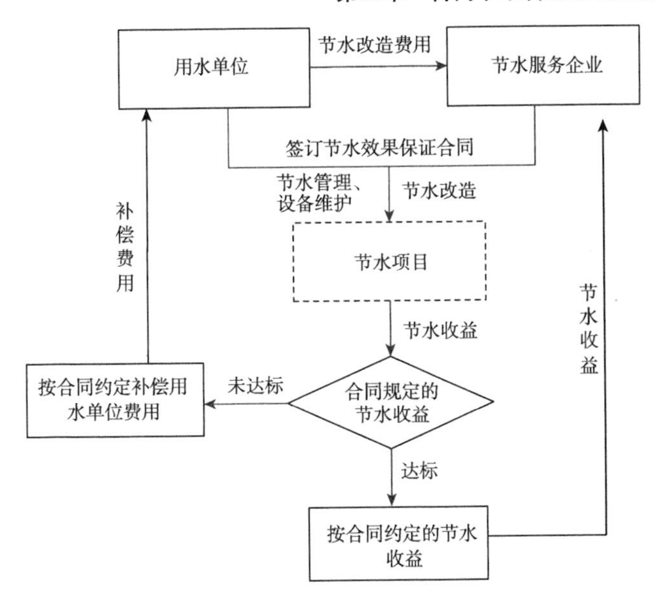

图 3-3　节水效果保证模式示意图

三、固定投资回报模式

固定投资回报模式是指在节水项目实施前，节水服务企业与用水单位签订合同约定节水效果、投资总额和投资回报等主要条款，由节水服务企业按照项目所需投入募集资本，以及集成运用先进实用节水技术、工艺和产品，对指定项目进行节水技术改造，建立长效节水管理机制，项目验收合格后，由用水单位按合同向节水服务企业支付投资，双方分享一定比例利润的模式。

固定投资回报模式（图 3-4）主要适用于节水效益显性化、节水效益存在较大不确定性的项目，如水环境治理、水生态修复和水污染管理等。

四、水费托管模式

水费托管模式（图 3-5）是指客户在节水项目改造后，以承包水费的形式，将整个用水系统的运行和维护工作交由节水服务企业负责。用水单位委托节水服务企业进行节水系统管理和维护，并按照合同约定支付托管费用；同时，节水服务企业通过提高节水系统的节水效率来控制客户耗水量，并按照合同的约定，拥有全部或者部分节约的水费。节水服务企业的经济效益来自用水费用的节约。此模式对节水服务企业综合能力要求较高，特点在于能够综合解决客户的整体用水方案，并介入客户节

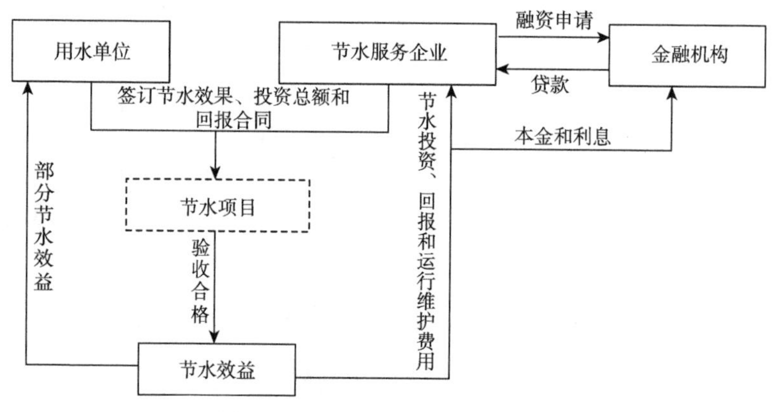

图 3-4　固定投资回报模式示意图

水设备及系统的运行和管理，这不仅可以从技术上改造客户节水系统的整体状况，还可以发现客户水能耗的管理漏洞，从而可以根据客户管理的模式和需求特点，适时调整节水设备的运行方案及相应的管理对策。

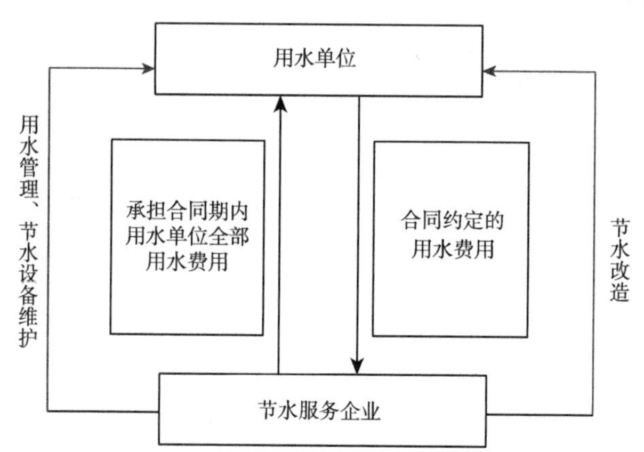

图 3-5　水费托管模式示意图

五、节水设备租赁模式

节水设备租赁模式主要产生于合同节水管理发展初期，节水服务企业多为节水设备的销售公司或制造公司，企业之前多以销售节水设备的方式提供服务。在引进合同节水管理模式之后，节水服务企业可通过租赁节水设备的模式，将简单的设备买卖融合到节水服务的长期过程中，从而获得长期的利润。设备租赁主要有经营性租赁和融资性租赁两种形式。

经营性节水设备租赁模式（图 3-6）是节水服务企业通过对用水单位的用水情况和节水潜力进行分析，与用水单位签订节水服务合同和设备租赁合同，并保证一定比例的节水量。在合同期间，节水服务企业通过收取节约水费作为租金，待合同到期后，节水设备无偿转移给用水单位。

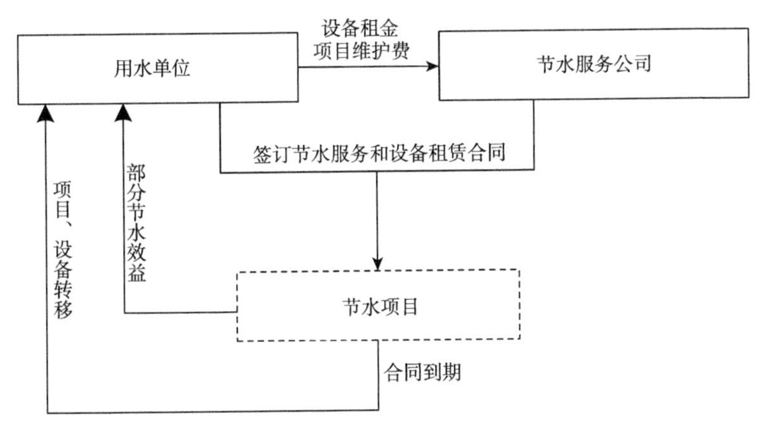

图 3-6　经营性节水设备租赁模式示意图

融资性节水设备租赁模式（图 3-7）是节水服务企业与金融机构签订融资或贷款合同，与用水单位签订节水改造和节水服务合同，与节水设备租赁企业签订租赁合同，获取节水设备。节水服务企业将节水设备用于用水单位的节水改造中，并向用水单位提供节水服务，用水单位通过节水效益来支付节水服务企业节水收益，节水服务企业向金融机构支付贷款本金和利息，并向节水设备租赁企业支付设备的租赁费。待合同到期后，用水单位将无偿获取节水设备。

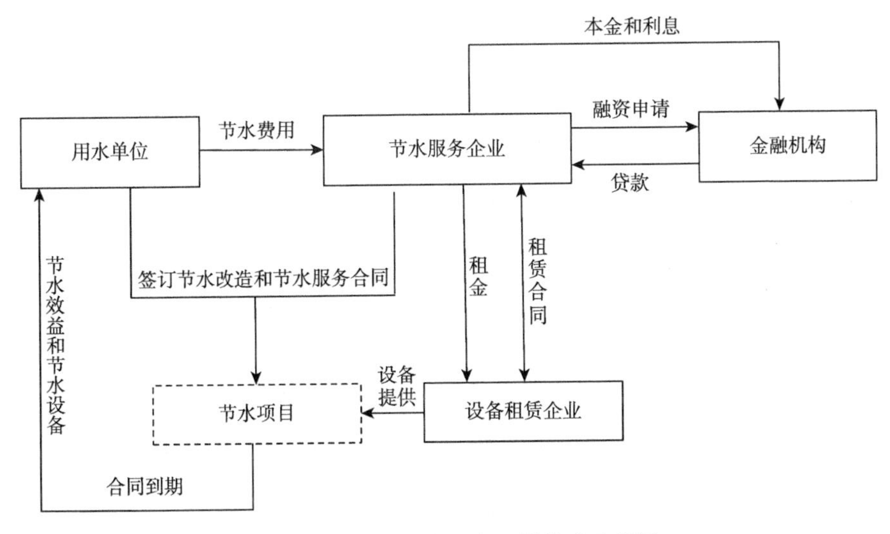

图 3-7　融资性节水设备租赁模式示意图

第六节 管 理 流 程

管理流程是由基本活动组成的，而基本活动是由个人或者团体来完成的。合同节水管理的基本流程是：节水服务企业为用水单位进行节水审计，开发一个技术上可行、经济上合理的节水方案，通过与用水单位协商，就项目的实施签订节水服务合同，具体流程如图 3-8 所示。

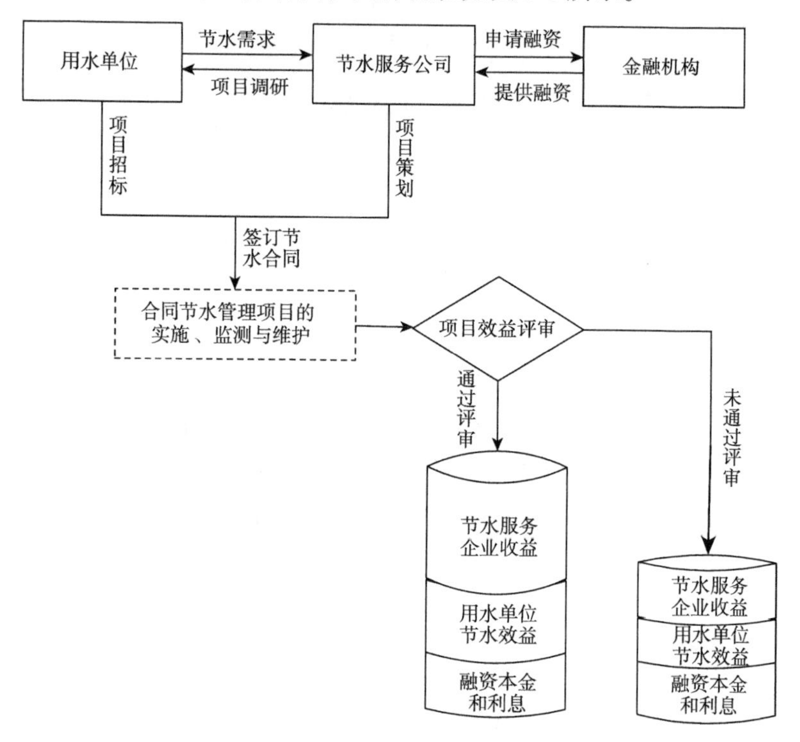

图 3-8 合同节水管理流程示意图

一、项目调研与立项

合同节水管理项目调研阶段的主要任务包括收集市场信息、测算收益规模等，并且需要对用水单位的各种需求进行跟踪，对潜在的项目进行分析和筛选，是项目立项的基础。立项阶段的主要任务是阐明立项的理由、提出立项建议、提供合适的资金和改造技术，最终使立项建议成为正式项目。

二、项目策划

项目策划是指在项目调研与立项后，向用水单位提出如何利用成熟的节水技术和产品来提高水资源利用效率，降低水资源消耗的方案和建议。如果用水单位有意向签订合同，节水服务企业则可以为用水单位进行节水项目方案、节水单位的节水目标、节水主要指标与节水管理基准等设计。

三、合同的签订与项目的融资

签订合同是指如果用水单位认同节水服务企业的节水项目方案设计，双方就可以进一步就项目的节水效果、效益分成、施工、设备采购、保险等问题进行磋商谈判，达成一致后即可签订节水服务合同；如果用水单位不同意签署合同，节水服务企业要向用水单位收取节水审计和方案设计等前期工作的费用。项目融资是指节水服务企业向用水单位的节水项目提供资金支持，资金来源渠道可以多样化，包括节水服务企业自有资金、商业贷款、政府贴息的节能专项贷款、设备供应商的分期支付和节水基金等。

四、项目的实施、监测与维护

项目的实施包括节水运行控制所需的节水组织建立、人财物资源配置、节水管理实践和经验、节水管理人员培训、节水设施及设备配置与控制，以及节水事故的应急准备和响应等。监测是指节水服务企业为用水单位提供节能项目的节水量保证，并与用水单位共同监测和确认节水项目在项目合同期内的节水效果，以确保能达到合同中签订的节水目标。维护是指节水服务企业为用水单位培训设备运行人员，并负责对所安装的节水设备和系统进行常年的保养与维护。

五、节水管理的评审

评审是指对节水管理体系的适宜性、充分性和有效性进行全面的评审。在评审指标体系的构建中要遵循的主要原则是：力求全面（所选指标应尽量涵盖节水型社会建设的各个方面）、体现层次（所选指标既能反映总体情况，又能反映各分类情况）、相对独立（所选指标间尽量不要重复交叉）、定性与定量相结合（所选指标要兼顾定性描述和量化测算）等。

六、节水效益分成

节水效益分成是指节水服务企业对与项目有关的投入（包括原材料、设备、技术等）拥有所有权，并与用水单位分享项目产生的节水效益。在合同期结束后，节水服务企业一般会将上述所有权转让给用水单位。

第七节　适 用 范 围

根据合同节水管理的特点，合同节水管理项目应优先选择高耗水行业，以及政府机关、学校等公共机构加以推广和应用。

一、高耗水行业

（一）高耗水服务业

人工造雪和滑雪场、高尔夫球场、餐饮娱乐、洗车、宾馆、洗浴等高耗水服务行业，偷采地下水、违规取用水等违法行为时有发生，所以应结合整治专项行动，极力推行合同节水管理。

（二）高耗水工业

对于高耗水工业，应广泛开展水平衡测试和用水效率评估，对节水减污潜力大的重点行业和工业园区、企业，大力推行合同节水管理，推动工业清洁高效用水，大幅提高工业用水的循环利用率[5]。

（三）高耗水农业

农业产业化程度较高的大型农业企业和大中型灌区用水量巨大，因此，合同节水管理项目应重点在上述领域中开展。同时，探索实现水权有偿流转的市场化配置机制。

二、公共机构

公共机构诸如政府机关、医院、学校等，由于人员集中，不仅用水量大，节水改造潜力也巨大，同时又具有节约用水的表率作用。因此，应在这些公共机构率先进行合同节水管理试点项目，充分发挥公共机构在节约用水方面的表率作用，带动其他用水单位积极参与合同节水管理。

三、居民生活用水区

居民生活用水是指居民在日常生活中的饮用、洗涤、冲厕、洗澡等用水。居民生活用水的数量和效率，反映着该地区经济发展水平、卫生状况和当地水资源可持续利用的水平。当前，居民节水意识依然不高，节水动力不足，随意浪费水资源的现象屡见不鲜。因此，在居民生活用水区进行合同节水管理是非常必要的。

四、公共建筑及其他领域

机场车站、写字楼、商场等公共建筑也是用水大户，应积极引导这些公共建筑项目的业主或物业管理单位与节水服务企业签订节水服务合同，积极进行节水技术改造，参与合同节水管理项目。

参 考 文 献

[1] 陈莹,赵勇,刘昌明. 节水型社会的内涵及评价指标体系研究初探[J]. 干旱区研究，2004，21（2）：125-129.

[2] 邢西刚，汪党献，李原园，等. 新时期节水概念与内涵辨析[J]. 水利规划与设计，2021，（3）：1-3，52.

[3] 郑通汉. 中国合同节水管理[M]. 北京：水利水电出版社，2016.

[4] 李学文. 双鸭山市人民医院合同节水管理应用模式分析[D]. 哈尔滨：黑龙江大学，2017.

[5] 李攀，邵自平.《关于推行合同节水管理促进节水服务产业发展的意见》解读[N]. 中国水利报，2016-12-22（006）.

第四章　合同节水管理实践案例探索

本章将结合合同节水管理在国内外的实施案例，分别介绍节水效益分享型、固定投资回报型、节水效果保证型、水费托管型和节水设备租赁型等不同运行模式案例的实施情况，探索案例取得的成效和经验，总结存在的主要问题。

第一节　节水效益分享型合同节水管理实践案例

本节旨在结合国内外两个合同节水管理实践案例，介绍节水效益分享型合同节水管理项目应用情况，进而总结分析节水效益分享型合同节水管理的成效和经验。

一、案例一：河北工程大学合同节水管理项目

通过对合同节水管理的内涵、特点和运行模式等进行分析，在水利部综合事业局的推动下，2015 年河北工程大学和北京国泰通过协商决定采用节水效益分享型的模式，签订了合同节水管理（试点）协议（详见附录）并开始了实质性的合作。高校合同节水管理这一新型节水模式率先在河北工程大学进行了试点工作。

（一）案例背景

1. 学校简介

河北工程大学老校区坐落于河北省邯郸市，作为河北省政府及水利部共建高校，校园总占地面积 2336 亩，由主校区、中华南校区、丛台校区、洺关校区 4 个校区组成。河北工程大学主校区与中华南校区两校区教职员工与学生总数达 3.5 万人，作为当地的“人口大户”，无疑也成为当地的用水大户。随着学校各项事业的发展，特别是校园面积的扩大，用水量较以往有大幅度的增加。

2. 案例选择依据

（1）亟须进行节水改造

河北工程大学老校区建校年代早，基础设施陈旧，供水管网锈蚀严重，

用水计量设备缺乏，水资源的跑、冒、滴、漏等现象十分严重，学校存在水资源浪费、水费虚高等现象（图 4-1）。随着水价的大幅上涨，学校财政也承担着越来越大的压力，学校的节水需求也愈发迫切。因此，在河北工程大学进行节水改造已是一项刻不容缓的任务。

图 4-1　改造前输水管道

（2）节水管理模式先进

在“募集社会资本+集成先进适用节水技术+对目标项目进行节水技术改造+建立长效节水管理机制+分享节水效益”的合同节水商业模式下，学校利用社会资本完成节水改造工程，大大节省了学校的水费支出。在项目后期阶段，节水改造的全部成本由获得的节水效益来支付，校方和投资方均能分享节水效益。因此，实施合同节水管理项目可充分吸收社会资本，发挥市场对配置资源的决定作用，更好地调动节水服务企业与高校用水单位节水的积极性和主动性。

（3）具有科技创新的基础

高校可充分发挥自身的产学研优势，共同推进节水技术和产品创新。通过组织节水技术和节水产品关键技术攻关，形成产学研结合平台，研发契合高校特点的，种类齐全、系列配套、性能可靠的节水技术和节水产品，从而促进节水技术和节水产品的集成化。

（4）师生员工容易接受合同节水管理

高校学生思想活跃、易于接受新事物，便于利用微博、微信等新兴媒体宣传节水政策法规，普及节水知识技能和理念。同时，还可结合课程实习、创新创业项目、社会实践等教学环节，在节水服务企业中进行调研和实践，研究集成节水技术，并对特定项目进行节水技术改造，从而可以推动政用产学研的融合，促进合同节水管理项目的顺利实施。此外，高校肩负着立德树人的根本任务，便于树立厉行节约、反对浪费的校园风尚，把节水意识融入校园文化之中、大学精神之内，实现节水文化育人、校企协同育人，为产教融合、校企合作共同实施合同节水管理项目提供良好的思想保障。

在合同节水管理模式下，项目实施中大部分风险都将由节水服务企业承担，这便解决了高校节水技术改造和管理的难题。河北工程大学校区内有多种建筑设施，如教学楼、宿舍楼、实验楼、附属医院等，建筑结构多样。因此，为保证节约用水的安全进行，需要对各个建筑设施实行专业化的节水改造和设计。与其他用水机构不同，学校内师生作息时间固定，便于更好地开展节水管理；同时，师生员工受教育程度和素质较高，更易于接受合同节水的先进理念。

3. 项目启动阶段

2015 年，水利部综合事业局选定河北工程大学作为高校合同节水项目首所试点高校，河北工程大学和北京国泰签订了合同节水管理（试点）协议，该项目最终的合作收益由双方共享。2015 年 2 月，在北京召开了京津冀合同节水管理启动会，水利部综合事业局与京津冀水务部门共同签署了“1+3”合同节水管理意向书，京津冀合同节水管理试点工作正式拉开序幕。河北工程大学和北京国泰签订为期 6 年的合同节水管理（试点）协议，协议确定了双方的节水合作采用节水效益分享模式。北京国泰负责对原有供水系统进行全面的检测、改造，并在协议期内对新的节水系统进行跟踪监测及维护保养，项目前期投资和项目建成后的运营费均由北京国泰承担。校企双方约定以 2014 年用水量为基础数据，前三年按节水率 35%计算，节水效益归北京国泰所有，后三年按比例分享节水效益，北京国泰与学校的效益分成比例分别为 8∶2、7∶3、5∶5，节水效益按实际缴纳水费月度结算分配，按结算期水费单据结算当期节水效益，并按约定向节水服务企业偿付节水投资额或分享节水效益。

（二）项目实施的主要环节

合同节水项目实施内容主要包括调查评估、合同签订、技术集成、资金筹集、工程实施、运维管理、效益分享、项目移交八个主要环节[1]。为了充分发挥合同节水管理的优势，达到预期节水效果，就需要各个实施环节共同协作配合，以保障合同节水项目的顺利实施。

1. 调查评估

调查评估是本次合同节水项目的基础环节，是在全面系统调查相关用水情况的基础上，测算和评估投资额度、节水潜力及节水效益。用水调查包括基本情况调查、用水量调查、供水管网调查、用水终端调查、用水管理调查和节水经验调查六项内容。第一项为基本情况调查，主要包括学校类型、在校师生员工人数、建筑物种类、建筑物数量与项目改造建筑面积等；第二项为用水量调查，主要包括取水用途、水源结构、用水规模及用水量等；第三项为供水管网调查，包括管线布设、漏损状况、供水管网使用材料等；第四项为用水终端调查，主要对项目范围内的宿舍楼、办公楼、学校绿化、非常规水利用设施等建筑物内的所有用水终端进行调查统计，主要包括用水终端产品的数量、型号、种类等；第五项为用水管理调查，主要包括对日常管理、规章制度、设备保养、应急处置、用水计量与监管等管理情况进行调查；第六项为节水经验调查，结合第四章对国内外合同节水管理的经验分析和启示，实地调研上海市、护仓河等合同节水管理经验，为下一步的合同签订奠定基础。

2. 合同签订

通过实地调查评估，北京国泰和学校磋商协定后进行合同签订。合同确定了双方需遵循的原则，并制定了双方的权利与义务、付费方式、收益分享比例、完成期限、违约责任等条款。

3. 技术集成

实施高校节水项目涉及的技术主要包括：用水终端节水技术、供用水管网漏损检测与控制技术、污水处理回用技术、雨水收集利用技术、节水灌溉技术、用水智能监管技术等。北京国泰负责组织和实施上述集成技术的综合运用。

4. 资金筹集

各高校需根据其管网铺设状况等采用不同的节水技术，节水服务企业在节水改造时前期资金状况不能确定，投入资金金额少则几百万元，多则几千万元，双方约定本项目由北京国泰负责筹资。

5. 工程实施

北京国泰负责组成项目公司或项目部门落实责任分工，严格按照相关技术要求对节水服务企业的施工进行规范管理，以保证项目施工质量。在质量监督方面，河北工程大学聘请相关监理单位监督工程施工过程，在工程竣工及试运行后，根据合同内容检查和验收施工工程。

6. 运维管理

运维管理主要包括技术设备的应急处置、运营报告编写、设备的维修保养及故障维修、计量收费等。进行运维管理的主要目的是保障节水设施安全运行，降低节水成本，实现预期节水效果。该合同节水项目运行和维护管理由北京国泰组织实行，河北工程大学可以定期考核节水效果，以保证合同节水项目的正常运行。

7. 效益分享

北京国泰对河北工程大学用水设施进行节水改造，达到节水目标后，双方按合同约定进行，获取的节水收益首先用于偿还北京国泰对项目的前期投资，之后双方再按合同约定分享收益。

8. 项目移交

合同到期后，按照约定，改造的节水设施将由北京国泰无偿移交给校方。移交完成后，节水设施成为校方的固定资产，北京国泰需对校方相关管理人员进行业务培训。

（三）项目实施的具体措施及校园节水新技术

在对河北工程大学主校区与中华南校区进行充分调研分析的基础上，结合洁具改造、地下管网改造等技术方案分别进行了技术论证和分析，最后确定了“洁具改造+地下管网改造+用水监管平台”的节水技术方案。

1. 项目实施的具体措施

（1）地上水平衡检测服务及洁具改造

一是实行水平衡检测服务。利用水平衡测试，全面掌握用水现状，进行节水合理化分析，查找地上供水管网和设施的泄漏点，以便及时采取修复措施，减少跑、冒、滴、漏现象的发生。二是供水系统检测。对原有供水系统的用水开展抽样检测，掌握基础资料，并根据水平衡实测情况，改造、更换用水浪费严重的基础设施。三是购置节水器具。根据系统检测报告，对可控用水区域的每一个用水终端进行量化设计，并安排生产制作或定购节水器具，量身定制节水系统。对主校区和中华南校区教学楼、学生宿舍楼、办公楼共计 69 栋老式耗水洁具（如旋转升降型水龙头、高位水箱）进行节水器具更换。更换各类节水龙头 6590 余个；更换节水脚踏阀 4347 个；安装小便斗冲水阀 660 个；安装小便槽节水感应系统 240 套；安装（对比试验用）智能废水冲厕系统 24 套、节水马桶 34 套、无水小便池 6 个[2]。四是对用水终端进行改造。在保证节水效果的前提下，尽量不影响原有用水终端的视觉效果，确保节水改造后的用水设备美观、实用（图 4-2）。

图 4-2　节水器具更新前后对比

（2）地下管网改造与检测

北京国泰对校园地下管网系统、设备设施与阀门设施进行了全面检测，检出漏点 31 处（图 4-3）。通过对老旧地下管网进行更新改造，更换地下老旧供水管线 3165m，安装远传水表 283 块，安装更换管道阀门 288 个，改造、新建阀门井 239 个，设计安装节水标识井盖 197 套，有效地降低了地下管网漏失率（图 4-4）。

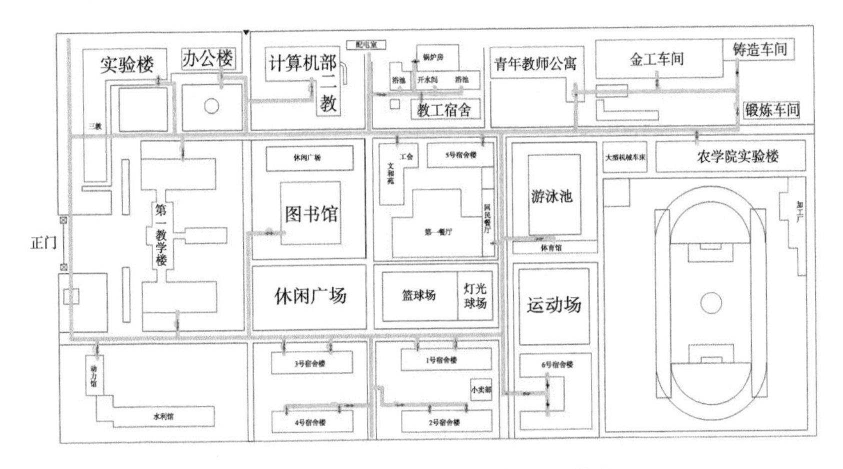

图 4-3　中华南校区地下管网电子图

图 4-4 新型管道和智能远传水表

（3）建设用水监管平台

学校建立了“河北工程大学校园公共建筑节能监管平台”。通过在线数据传输系统进行用水实时监控，由监控器将信息传输至中央控制器，通过中央控制器安装的各类自动化监测软件系统对采集的数据进行实时的记录和统计分析，从而实现了对用水的在线动态管理。通过实施监控软件升级，建立监测平台进行实时检测等一系列措施实现了对校区用水量的有效监管，达到了智能化用水、节水的目标。

（4）创新渗漏报警系统

供水管网渗漏报警平台是通过对管道水流声音的识别来确定地下管道的漏水情况。现场探漏仪是通过采用高度灵敏的传感器来检测微弱的水流信号，且每个探漏仪都能够独立开展工作，提高了网络的可靠性，降低了出错率；同时，探漏仪采用低功耗设计方法，其工作寿命长达十年。这套节水系统具有自主学习的能力，通过对漏水数据的不断积累，能够提高识别的准确度。例如，在此次改造中使用了智能废水冲厕系统，各种废水经过设备过滤后，直接输送到下层屋顶的水箱进行收集，废水基本能被回收再次利用于冲厕。该系统具备实时监测、耗水量趋势分析、数据统计查询、对标定位的功能，能够对校园用水量进行全面实时的监管。

2. 校园节水新技术

河北工程大学供水管网系统使用时间较长、老化程度严重，导致漏损率高达 25%。因此，有必要第一时间对漏水点进行修复。但由于地下管网铺设复杂，用材也不同，所以对漏水点的监控和定位也有很大难度，即使有相关设备与技术支持，但效果也不尽如人意。因此，北京国泰采用了以下新技术来对漏水点进行检测。

（1）人工听音法

人工听音法是在管道漏水时，利用水与漏水点因摩擦发生震动而产生声音的原理，通过使用听漏棒、噪声自动记录仪等设备来定位管道漏水点的一种方法[3]。人工听音法具有简单、易操作、成本小等优势，是目前最常用的定位漏水点的方法；但此方法也有缺点，它要求检漏工作人员的操作水平较高，以便当管网大面积漏水时能及时发现漏水点。

（2）分区装表计量法

分区装表计量法采用划分整体的思路，并将整个供水管网划分为若干个独立区域。在实际应用中，根据用水用途差异，将校园分为不同用水区域，在各区域内安装水表，从而形成明晰的水表计量体系。通过计算每级水表的水量差值确定供水管网的漏损位置，以获取相关供水漏水量的数据。分区装表计量法虽然能检测出漏水区域，但却无法及时精确定位漏水点，需经过数据的积累及排除水表的误差来完成检测。

（3）渗漏报警系统

渗漏报警系统拥有先进的漏水监测预警系统，可以有效减少供水过程中的水资源浪费，使整个地下管网系统的运行状况处于实时的监控之下。若某一环节漏水，它能在第一时间发现和定位，从而减小后勤水务管理工作人员的工作强度，提高工作效率。该系统使用无线通信设备进行数据输送，通过使用探漏仪，把数据输送到服务器终端，可以提高采集数据的效率，降低人工成本和设备成本；此外，系统运用现代信息化手段和大数据来分析整合数据，可以缩短检测到发生管网系统漏损的时间，最终达到降低漏水量和规避供水安全隐患的目的。

（四）项目实施的机制创新

1. 校企构建长效运营管理机制

河北工程大学通过与北京国泰合作，建立了“一个中心、一座平台、一支队伍、一套系统”的“四个一”全过程运营管理机制，大幅提升了合同节水管理实效。

“一个中心”，即建立河北工程大学节水节能监管中心。作为全校合同节水管理的控制中枢和节水产品展示平台，节水节能监管中心是河北工程大学合同节水管理工作领导小组工作研判和指导调度的场所；同时，合同节水管理试点集成的节水技术、节水器具、节水音像制品和宣传品也可以在中心进行集中展示（图 4-5）。

图 4-5　节水节能监管中心

“一座平台”，即建立节水监管平台（图 4-6），具有即时监控、远距离无线传输、数据整合与分析、用水异常最值预警等功能。平台运用远距离传输的方式，可以 24 小时全覆盖实时监测供水用水情况，通过每 15 分钟上传一次的数据直观反映各点位是否存在跑、冒、滴、漏现象，并在风险提示时通过短信方式对维修人员进行峰值报警提醒。

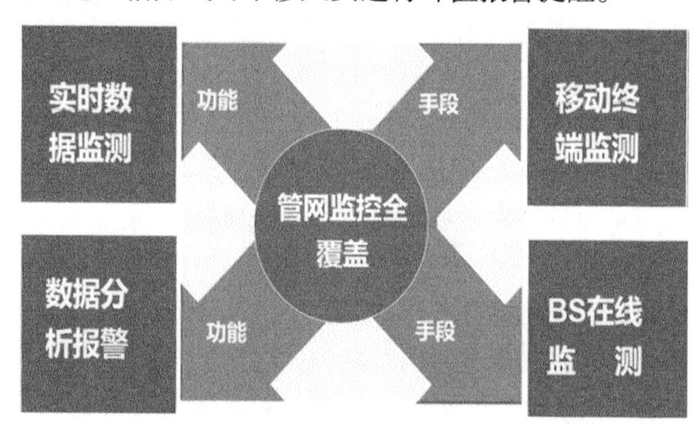

图 4-6　节水监管平台

BS 指 B/S（browser/server）架构，即浏览器和服务器架构

“一支队伍”，即河北工程大学联合北京国泰共同组建的河北工程大学节水运管中心技术维护团队。团队由北京国泰出资组建，河北工程大学与北京国泰共同管理。团队由北京国泰专业技术人员、维修经验丰富的技术工人组成。北京国泰对团队进行专业化、制度化与精细化的考核管理，团队人员的收入与节水率直接挂钩，有效地调动了团队人员的积极性和主动性。

“一套系统”，即构建起以“监、管、控”为中心的合同节水管理系统（图 4-7）。运用管网设施改造、节水节能中心和监管平台建设，构建“前端可监、中端可管、末端可控”的高效合同节水管理系统，高校用水得到了精细化管理，使河北工程大学的用水总量得到了有效控制。

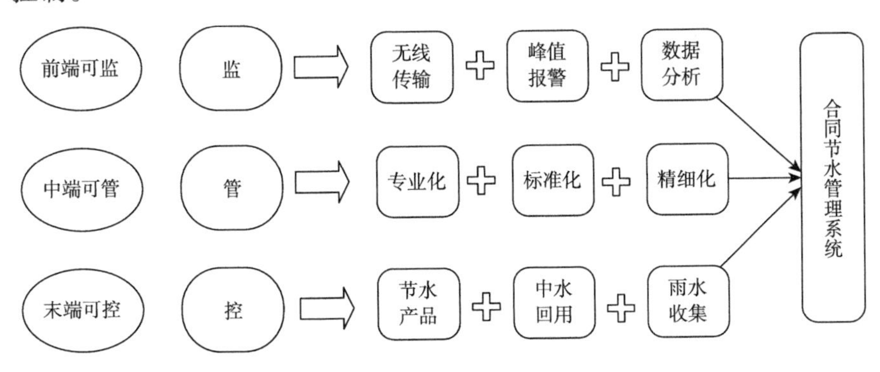

图 4-7　合同节水管理系统

2. 引入市场化机制

合同节水管理是一种依靠市场运作的新型节水管理模式。这种市场化机制的节水管理模式解决了各所高校当前节水管理机制不能适应节水需要这一重大难题。节水服务企业、高校、政府三方合作，互惠互利、合作共赢的局面由此形成。通过专业的节水服务企业与高校的通力合作，节水活动的专业化与精细化水平得以大大提高。河北工程大学在采用合同节水管理模式后，学校用水的标准化、制度化、智能化、精细化维护管理水平均得到了较大的提升。

在合同节水的合同期内，北京国泰提供了专业化的节水服务，负责各种节水设备的采购安装及节水系统的维修工作，为学校节约了大量的人力、物力和财力。该项节水改造北京国泰共支出 1182 万元，预计 6 年的节水资金为 4290 余万元，在合同期满后，通过改造升级后的节水设备使用年限还可延长 9 年，保守估计可节省水费达 7860 余万元。同时，此次合同节水项目起到了很好的示范作用，将会带动更多的人重视节约用水和了解合同节水管理模式。

北京国泰作为合同节水管理项目的实施方在此次节水改造服务中取得了较好的收益。公司将节水理论研究、技术集成、洁具修整、管网改造、监管平台、产品展示、文化培养和运营模式八个方面进行了结合，建成了系统化的节水管理体系；同时，河北工程大学节水项目也大大提升了北京国泰在工程技术、信息技术、管理技术等方面的能力。

3. 培育校园节水文化

河北工程大学围绕合同节水管理，坚持以文化人、以文育人，形成了以节约用水、保护环境为核心的节水文化。

一是深入开展节水理论研究。河北工程大学集中水利及相关学科的研究力量，展开了以合同节水管理为核心的理论和实践研究，承担了国家自然科学基金项目“合同节水管理中不确定风险评估、收益分配机制和节水效益评价”、国家科技重大专项水专项子项目“淀中村污水尾水污染物阻控及生态屏障构建技术”、全球环境基金项目“农田灌溉用水与耗水双控方法研究”等 10 多项研究课题，为更加科学地开展合同节水管理提供了坚实的理论研究基础。同时，学生在老师指导下进行了节水科技创新。2015 年到 2019 年底，学生获发明专利、授权专利 23 项，其中 4 名学生获评“全国十佳未来水利之星”。

二是持续开展节水宣传。河北工程大学成立了校级学生社团——大学生节水协会，举办了“保护水，珍惜水，创建节水型示范高校”“节水校园行”等系列宣传活动，将“节约用水光荣”的理念传遍了整个校园。

三是征集、制作节水标识。河北工程大学每年举办“节水文化创意大赛”，向学生征集节水题材原创作品。学生作品制作的带有节水标识的门帘、窗帘在全部学生宿舍楼投入使用，发放带有节水小常识内容的书签，节水警示宣传画、节水 Logo、节水宣传标语等遍布校园，使师生员工在潜移默化中强化了节水意识。

四是积极组织学生以节水为主题的社会实践。每年寒暑假，河北工程大学组织学生实践团队围绕“水资源水环境保护”等主题，到滏阳河、漳河、牤牛河等河道采取水样，进行 pH 测定和化学成分分析检测；赴南水北调中线输水干渠、水电站参观学习，调查南水北调输水过程中水资源的保护与治理情况；进企业、进社区、进公园，开展水资源保护调查，举办节水文化创意大赛（图 4-8），讲解节水和水资源保护的方法，形成的调研报告获得政府有关部门的重视和采纳。河北工程大学实施合同节水管理以来，进行了多次的节水义务宣传，带动了 5 万多组家庭、10 万多人投入到节水行动中。河北工程大学 2019 年 3 月的问卷调查统计显示，节水意识强且能严格要求自己节水的学生达 91.1%，较合同节水管理项目运行之初，提升了 33 个百分点。

图 4-8　节水校园行、节水文化创意大赛活动

（五）取得的成效及效益

1. 节水成效

2015 年 4 月至 2019 年 6 月，河北工程大学合同节水管理项目共节水 632.3 万 m^3，年均节水率 48.7%，节约水费 2744.23 万元（表 4-1）。从企业投入产出看，企业节水改造共投入 1182 万元，企业收益 2089.5 万元。从学校看，在没有前期投入的情况下，在 6 年的合同期内将节约水费 4290 万元以上，合同期过后节水设备寿命在 9 年以上，最少预计可再节约水费 7860 余万元。按照邯郸市当地污水处理费与单方供水基础设施建设成本计算，学校可节约节水改造基础设施费用 1500 万元。

表 4-1　项目实施后用水量及节约水费情况

时间	用水量/万 m^3	节水量/万 m^3	节约水费/万元	节水率
2015 年 4 月至 12 月	121.2	112.8	400.58	48.2%
2016 年	164.1	139.9	550.45	46.0%
2017 年	135.1	168.9	719.67	55.6%
2018 年	157.3	146.7	708.73	48.3%
2019 年 1 月至 6 月	88.0	64.0	364.80	42.1%

注：2015 年 3 月至 12 月，河北工程大学主校区和中华南校区与 2014 年同期相比累计节水 122.2 万 m^3

项目实施后，主校区和中华南校区日取新水量达到 2843.8m^3 和 255.5m^3，两校区生活用水量达到 98.7L/（人·天）和 51.2L/（人·天）。通过对用水量、日用水量和人均日用水量 3 个指标进行项目实施前后的统计分析，若两个校区人数相同，节水率可以达到 40%左右。两校区总月均节水率可超过 40%，比合同约定的节水率要高 5 个百分点[4]。

2. 效益分析

（1）经济效益

北京国泰先期投资 1182 万元，并将其用于河北工程大学的合同节水改造项目。双方约定合同节水服务期限是 6 年，每年从节约的水费中提取 70 万元用于 6 年合同期内（2015 年 1 月 1 日至 2020 年 12 月 31 日）的系统运行维护。合同期内采用效益分享模式，用分享的节水收益偿还节水改造成本，并实现赢利，达成了“3+3+9”的合作模式，即前 3 年节约的水费归北京国泰，在后 3 年节约的水费中，北京国泰的分享比例分别为 80%、70%、50%。在 6 年合同期满后节水设施还可以运行 9 年以上，设施及收益归河北工程大学所有。为保证节水效果，双方约定 35% 为最低节水率，当低于该节水率时，北京国泰从经济上予以补偿。采用这一模式，学校在“零投入”的基础上，依靠北京国泰投入资本，进行节水改造，并分享节水效益，有效地缓解了学校资金压力，提高了社会资本的参与度，从而实现了校企共赢（图 4-9）（图中所有数据均来自河北工程大学合同节水管理项目测算结果）。

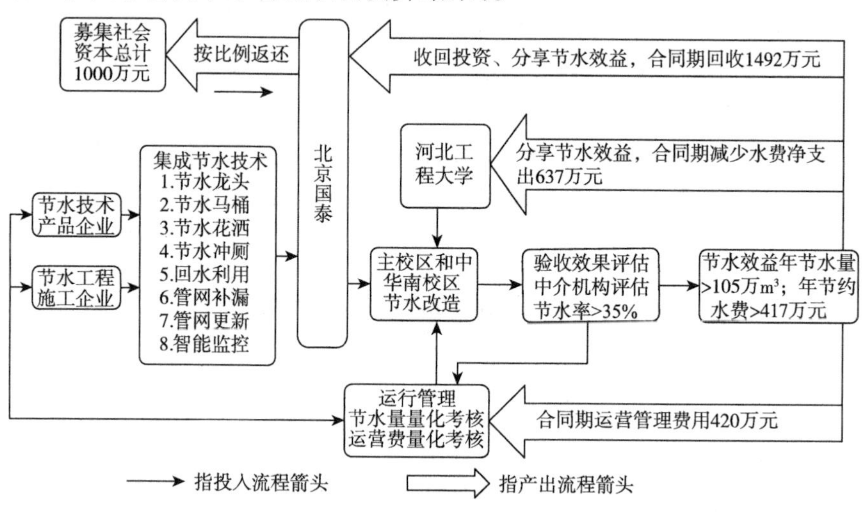

图 4-9　经济效益分析

合同节水改造是一种先改造，然后通过采用所获得的收益来支付前期建设费用的一种模式，这种节水方式极大地降低了高校参与节水改造的经营风险，调动了高校参与节水改造的积极性；所节省的水费优先用于支付改造成本，剩余收益由参与合同节水改造的公司和高校共享，这种市场化的节水服务模式受到广大节水服务企业和各大高校的欢迎。因此，合同节水管理能够吸引更多的社会资本参与合同节水项目，充分拓展了合同节水管理项目的市场。

（2）社会与生态效益

河北工程大学的合同节水管理模式得到了社会各界一致认可。2017

年，在中共中央宣传部主办的“砥砺奋进的五年”大型成就展上，该成果得以展示。《人民日报》《光明日报》《中国水利报》及中央广播电视总台等各大媒体报道河北工程大学合同节水管理模式的成效近百篇次。河北工程大学合同节水管理试点的实施，探索出一条完整的高校运用合同节水管理模式进行节水管理的实践道路，也探索出一套可借鉴和推广的合同节水管理模式，为合同节水管理的推广提供了实践经验。

河北工程大学主动“走出去”，热情“迎进来”，积极推广宣传这一模式。受水利部、教育部邀约，河北工程大学先后赴北京、上海、天津、山东、黑龙江、湖南等省（自治区、直辖市）举行节水讲座、报告，到全国数十所兄弟院校分享交流节水经验。项目实施以来，河北工程大学多次举办全国性的合同节水管理专题会议。2015 年，水利部与河北省水利厅在河北工程大学举办合同节水管理试点现场会，2019 年在河北工程大学多次开展了合同节水管理试点研讨会。项目实施至今，甘肃、宁夏、内蒙古、山西、河南、广东等十余个省（自治区、直辖市）水利部门、数十所高校、上百家企业来校观摩学习，使得合同节水管理在全国各大高校得到了进一步的推广。

在节水意识方面，开展合同节水管理研究并举办讲座，使每个人都了解节水的意义和如何去节约用水；制作了许多关于节水的公益性微电影、短视频、动漫产品，组织了与节水相关的教材的编写，开设了与节水相关课程等活动，这进一步加强了师生员工的节水意识和推动了节水行动的开展。

河北工程大学通过合同节水管理，减少了两校区用水跑、冒、滴、漏现象的发生，促进了学校用水向规范化、标准化方向发展。通过测算分析节水改造前后校园的用水量，表明此次节水改造取得了较大的成功，社会效益和生态效益得到了进一步的提升。

（六）取得的经验和启示

1. 调动了师生员工的积极性

在河北工程大学的合同节水实践中，学校坚持政策引导、利益调节和优化服务的方针，通过建立完善的全体师生员工参与机制，充分鼓励全校师生员工参与节水活动，积极调动师生员工节水的主动性和创造性，让广大师生员工充分参与到学校的节水工作中，保障了节水工作的顺利推进。

2. 搭建了用水监管平台

河北工程大学在公共建筑节能监管平台的基础上，创新性地建立了用水监管平台项目，通过建设数据中心，实现了在线数据传输系统的实时监控，校园内用水数据经由监控器将信息传输至中央控制器，通过各类自动化监测软件系统对采集的数据进行实时记录，并根据反馈的信息对用水量进行在线管理，实现对校园水资源的实时监控。

3. 打造了节水文化品牌

高校合同节水管理节约的是水资源，培养的是师生员工的节约意识，形成的是校园节水文化。针对大学生思想活跃、易于接受新事物的特点，可在餐厅、水房、厕所、浴室等场所打造节水环境文化，完善校园节水约束和激励机制，打造节水制度文化；要利用微博、微信等新兴媒体打造节水宣传文化，把节水活动参与度纳入学生综合素质测评体系，打造节水行为文化，使节水文化成为师生员工共同遵守的群体意识。

4. 健全了合同节水管理政策细则

2017年，《合同节水管理技术通则》的颁布，为合同节水管理提供了政策性指引。然而，由于现行的节水政策执行不到位，推行力度不大，节水激励机制尚未完善。尤其是公办高校的水费由国家支付，对学校自身影响较小，这就限制了高校参与节水的积极性。如果缺少合同节水管理相关的细则，会导致合同节水管理缺少标准化依据，造成节水改造在实际运作过程中存在许多问题。此外，高校实施合同节水管理后的费用支付依然存在问题；部分合同节水方案的节水经济效益较低，不能完全弥补节水服务企业的节水资金投入；税收减免、节水奖励等支持政策无法全面覆盖，导致社会资本对高校合同节水项目的投入依然不足。

5. 设定合理的合同期限

合同节水项目招标一般是采用政府采购服务项目招标，由于合同节水项目投资大、收益期较长，而服务项目招标合同期限一般是不超过3年，因此，需要修订政府合同节水招标政策。

6. 全面考虑不可控因素

学校招生计划变更、搬迁等不可预测因素对节水服务企业的利益会造成不同程度的影响，在签订合同时需要全面考虑学校招生计划变更、搬迁等不可预测因素的影响，拟定双方都可接受的利益分享办法。

7. 建立用水预警制度

根据用水定额指标，核定高校用水总量，由节约用水办公室或其他政府部门对高校用水开展监督检查，对超定额用水高校提出预警，被预警高校必须限期整改。

8. 建立高校用水经费审核制度

节约用水办公室或其他政府部门每年核定高校用水指标，根据用水定额核定用水经费，超定额用水采取提高水价、征高额税费或进行处罚等措施，督促高校开展节水工作。

9. 出台激励和补贴政策

根据合同节水项目的特点和规律，政府适时出台财税和融资方面的优惠政策，以提高高校和节水服务企业的积极性。

10. 加强制度约束

将节水型高校建设列入高校领导班子考核指标体系或者本科教学评估指标体系中，提高高校推广合同节水管理的主动性和积极性。

二、案例二：佐治亚州克莱顿县水务局合同节水管理项目

（一）基本情况

佐治亚州东南部为沿海平原，属于亚热带湿润气候，淡水资源较为丰富，但作为西北部的克莱顿县水资源却相当紧缺。因此克莱顿县水务局（Clayton County Water Authority，CCWA）十分重视节水工作，在2008年引进合同节水管理项目，并在试行期间取得了良好的节水效果。2009年9月1日，伊特恩公司宣布，克莱顿县水务局决定扩大部署伊特恩公司的先进泄漏检测系统，通过加大对节水工作的投入，避免水资源的流失，以达到更好的节水效果。

（二）采用的模式

克莱顿县水务局与伊特恩公司采取了节水效益分享型的合同节水管理模式。由伊特恩公司提供先进的供水泄漏检测系统进行节水改造，协议期间对供水泄漏检测系统进行跟踪监测并对设备进行维护保养，项目前期的投资及项目建成以后的运营费由伊特恩公司承担。双方约定合同期内伊特恩公司和克莱顿县水务局按照合同约定的比例分享节水效益，合同期满后节水效益和节水项目所有权归克莱顿县水务局所有。

（三）取得的成效

1. 无收益水损失明显减少

项目实施期间，表观水损耗降低技术得到了极大的提高，同时水表注册不足的问题也得到了良好的解决。由于增加了大量的泄露传感器，大大减少了无收益损失，从而节省了由于水的损失而产生的费用[4]。

2. 提高了水资源的可持续性

自伊特恩公司部署泄漏检测解决方案以来，克莱顿县水务局已经节约了数十亿 gal①的水，并收回了相关的投入成本，提高了该地区水资源利用

① 1gal=3.7854L。

的可持续性。

（四）取得的经验

1. 强化了节水监管制度

克莱顿县水务局通过信息公开与社会舆论监督的方式，调动了社会力量共同建立了节水综合监管制度，构建了严格的节约水资源考核机制，进一步完善了相关的节水政策，保证了节水效益的最大化。

2. 强化了节水技术的应用

克莱顿县水务局通过引进泄漏传感器来进行漏水检测，提高了漏水检测效率，从而减少了用水损失。同时引进智能灌溉技术，减少了人为操作而产生的水损失。

3. 运用了法律行政手段

克莱顿县水务局通过制定管理标准与节水服务奖惩机制，完善了节水的法律法规体系，并利用法律、政令两种手段，强制要求各耗水用户在规定时间内降低损耗，实现对水资源消耗量的有效控制。

第二节　固定投资回报型合同节水管理实践案例

经过前期的多方调研和对合同节水管理的运作模式进行分析，由天津市排水管理处与北京国泰牵头的联合体经过协商，决定采用固定投资回报型的合同节水管理模式开展护仓河水环境治理项目[5]。本节旨在通过介绍该合同节水管理的应用案例，分析固定投资回报型合同节水管理的成效和经验。

一、案例背景

（一）项目基本情况

天津市清水河道行动对护仓河津塘公路至郑庄子雨水泵站内 4km 进行河道截污清淤、对部分桥涵进行改造，同时每年从海河引水对河道进行冲污以改善水质。然而，在汛期护仓河沿线口门存在雨污合流、污水排入河道的现象，水生态系统脆弱，部分时段水华暴发、水体黑臭，影响城市景观环境。天津市是严重缺水的城市，水源主要靠外调水，将大量的清洁水源用于冲洗污染河道，从经济上、生态上、社会影响上都不可取。

为长效解决上述问题，为中心城区河道水质维护常态化、社会化提供示范作用，天津市排水管理处作为项目管理单位，通过招标投标的方式，委托北京国泰牵头的联合体采用合同节水管理模式实施护仓河水环境治理项目。

（二）河流基本情况

护仓河属天津市内二级河道，全长约 5.4 km，为静水环形河道，河段首末段设有泵站，将河水提升至海河。本次设计处理段为津塘公路至郑庄子雨水泵站，全长约 4 km，河段现有一座排水泵站，水体流动性较差，雨污分流不彻底。此外，受雨污混流口的排污影响，水质极易恶化。

（三）治理前水环境及水质状况

1. 黑臭现象严重，蓝藻暴发

从中山门段至昆仑桥，大约 1.3km 的河道，黑臭现象尤为严重；昆仑路桥下部分，此段总长约 700m，水体呈绿色，每年暴发蓝藻；昆仑路至郑庄子雨水泵站段河道颜色较绿，河水浑浊。

2. 污染物指标含量高，水质为劣Ⅴ类

护仓河主要污染物指标氨氮（ammonia nitrogen，NH_4^+-N）、化学需氧量（chemical oxygen demand，COD）、总磷（total phosphorus，TP）等超标数倍甚至数十倍，具体见图 4-10、图 4-11 和图 4-12。

3. 底泥淤积严重

护仓河底泥厚度为 30~50cm，虎丘路泵站排水口附近、富民路桥两侧、郑庄子泵站前段的底泥厚度最高达 1.4m，底泥成为河道水体污染的重要内源。

（四）水质差的主要原因

根据现场调研、水质分析及存在问题的情况，护仓河河道水体黑臭、水质差的主要原因有以下几点。

一是底泥污染。城市河道长期排水积累了底泥淤积和垃圾沉积物，底泥中的污染物质源源不断地释放进入水体，造成水质恶化。同时，在外界温度等条件适合时，微生物作用产生 H_2S 气体，造成黑臭、底泥上翻等现象。

二是自净能力差。护仓河河流落差极小，水流速度非常缓慢，造成污染物及营养物质沉积、藻类繁殖速度快，水生态系统被破坏，水体基本丧失自净能力。

三是外源污染。护仓河两岸有几十个排污口，存在偷排污水现象。特别是汛期，更有未经处理的生活污水直接随雨水排入河道。同时，护仓河两岸地表植被条件差，裸露地面上的泥土、垃圾等物质随降雨形成的径流进入河道，对河道水体产生不利影响。

四是初雨污染。雨水泵站汛期降雨时雨污合流水排至护仓河，尤其是初期雨水的排入，增加了水体的污染负荷。

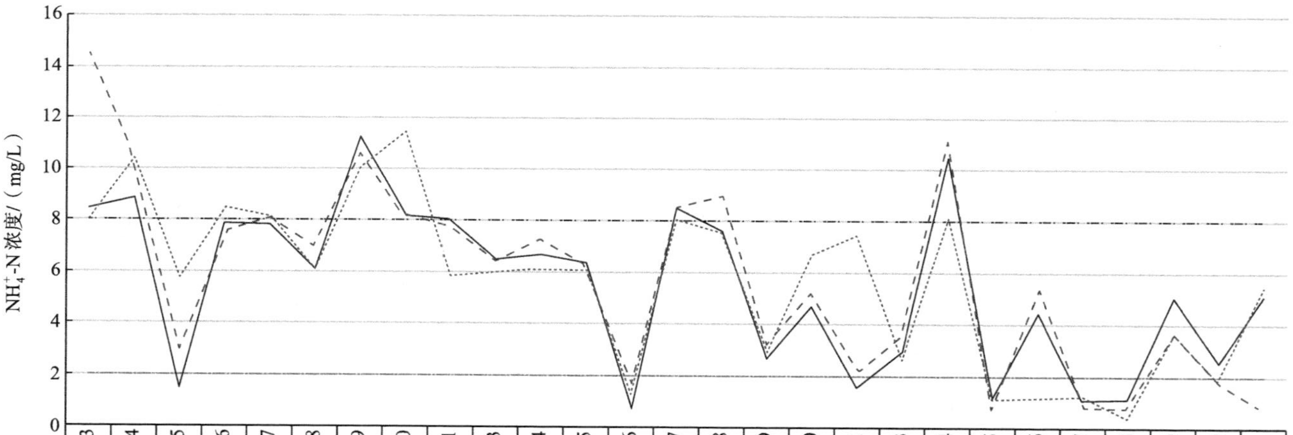

NH_4^+-N浓度/（mg/L）

	2012.3	2012.4	2012.5	2012.6	2012.7	2012.8	2012.9	2012.10	2012.11	2013.3	2013.4	2013.5	2013.6	2013.7	2013.8	2013.9	2013.10	2013.11	2014.3	2014.4	2014.5	2014.6	2014.7	2014.8	2014.9	2014.10	2014.11
郑庄子富民路桥	14.50	10.50	2.77	7.58	8.11	6.95	10.70	8.00	7.78	6.43	7.29	6.25	1.69	8.50	8.95	3.04	5.26	2.13	3.63	11.30	0.74	5.42	0.88	0.68	3.72	1.82	0.68
中山门轻轨桥	8.42	8.85	1.52	7.86	7.81	6.11	11.30	8.15	8.03	6.52	6.71	6.37	0.75	8.50	7.65	2.69	4.72	1.57	2.99	10.50	1.15	4.52	1.05	1.15	5.08	2.52	5.10
富民路光华路交口桥	8.00	10.50	5.74	8.51	8.20	6.08	10.10	11.50	5.80	6.00	6.15	6.09	1.17	8.00	7.54	2.85	6.75	7.48	2.61	8.17	1.05	1.20	1.21	0.32	3.74	1.82	5.45
一级B	8	8	8	8	8	8	8	8	8	8	8	8	8	8	8	8	8	8	8	8	8	8	8	8	8	8	8
V类	2	2	2	2	2	2	2	2	2	2	2	2	2	2	2	2	2	2	2	2	2	2	2	2	2	2	2

时间

图4-10　护仓河2012~2014年NH_4^+-N变化趋势图

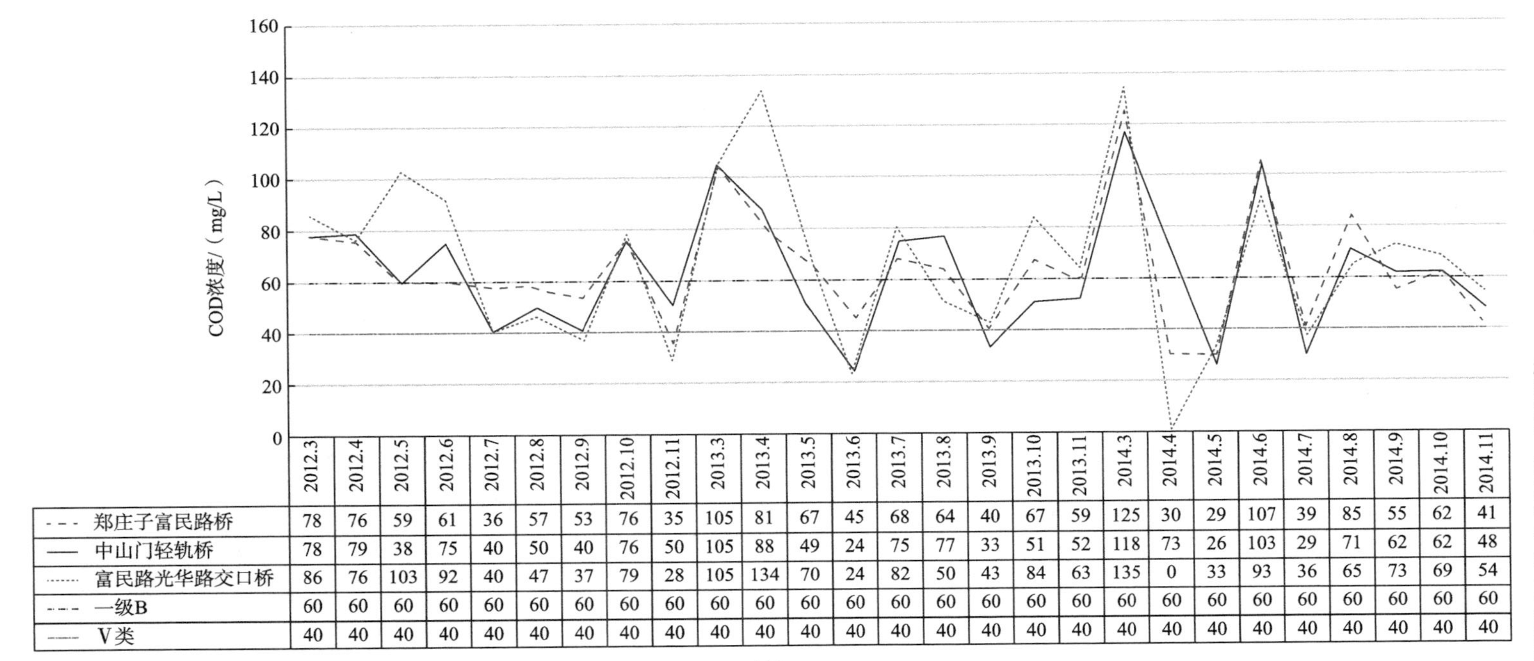

	2012.3	2012.4	2012.5	2012.6	2012.7	2012.8	2012.9	2012.10	2012.11
郑庄子富民路桥	78	76	59	61	36	57	53	76	35
中山门轻轨桥	78	79	38	75	40	50	40	76	50
富民路光华路交口桥	86	76	103	92	40	47	37	79	28
一级B	60	60	60	60	60	60	60	60	60
V类	40	40	40	40	40	40	40	40	40

	2013.3	2013.4	2013.5	2013.6	2013.7	2013.8	2013.9	2013.10	2013.11
郑庄子富民路桥	105	81	67	45	68	64	40	67	59
中山门轻轨桥	105	88	49	24	75	77	33	51	52
富民路光华路交口桥	105	134	70	24	82	50	43	84	63
一级B	60	60	60	60	60	60	60	60	60
V类	40	40	40	40	40	40	40	40	40

	2014.3	2014.4	2014.5	2014.6	2014.7	2014.8	2014.9	2014.10	2014.11
郑庄子富民路桥	125	30	29	107	39	85	55	62	41
中山门轻轨桥	118	73	26	103	29	71	62	62	48
富民路光华路交口桥	135	0	33	93	36	65	73	69	54
一级B	60	60	60	60	60	60	60	60	60
V类	40	40	40	40	40	40	40	40	40

图4-11　护仓河2012~2014年COD变化趋势图

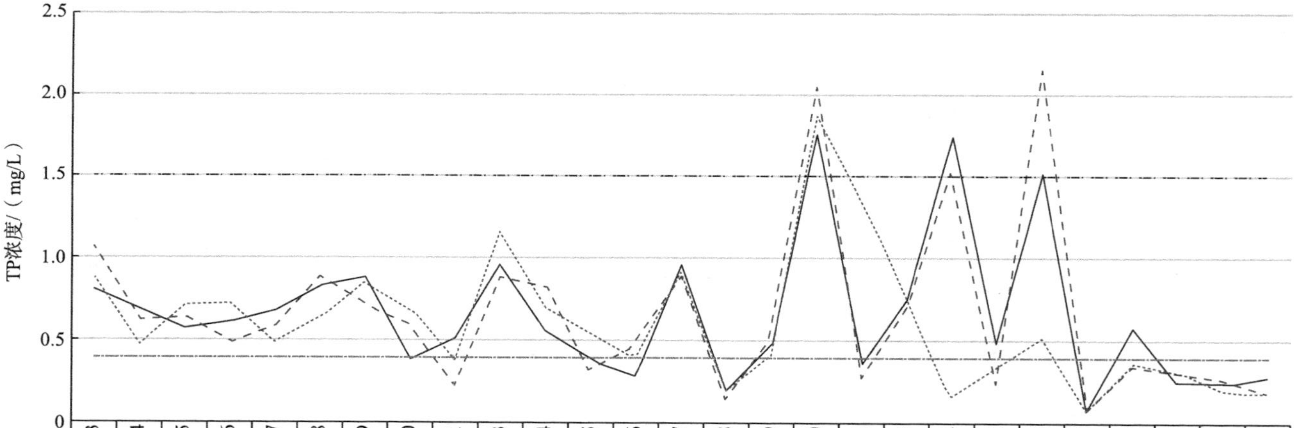

TP浓度/（mg/L）

时间	2012.3	2012.4	2012.5	2012.6	2012.7	2012.8	2012.9	2012.10	2012.11	2013.3	2013.4	2013.5	2013.6	2013.7	2013.8	2013.9	2013.10	2013.11	2014.3	2014.4	2014.5	2014.6	2014.7	2014.8	2014.9	2014.10	2014.11
郑庄子富民路桥	1.070	0.626	0.652	0.480	0.581	0.904	0.712	0.596	0.217	0.899	0.819	0.304	0.490	0.922	0.127	0.549	2.060	0.275	0.724	1.550	0.226	2.200	0.070	0.346	0.311	0.267	0.178
中山门轻轨桥	0.813	0.702	0.581	0.611	0.677	0.828	0.884	0.389	0.515	0.970	0.564	0.382	0.289	0.971	0.186	0.480	1.750	0.353	0.734	1.750	0.467	1.510	0.085	0.587	0.251	0.238	0.287
富民路光华路交口桥	0.878	0.485	0.712	0.727	0.480	0.641	0.848	0.687	0.379	1.180	0.696	0.510	0.402	0.912	0.206	0.412	1.890	1.400	0.704	0.161	0.346	0.522	0.085	0.371	0.316	0.193	0.178
一级B	1.5	1.5	1.5	1.5	1.5	1.5	1.5	1.5	1.5	1.5	1.5	1.5	1.5	1.5	1.5	1.5	1.5	1.5	1.5	1.5	1.5	1.5	1.5	1.5	1.5	1.5	1.5
V类	0.4	0.4	0.4	0.4	0.4	0.4	0.4	0.4	0.4	0.4	0.4	0.4	0.4	0.4	0.4	0.4	0.4	0.4	0.4	0.4	0.4	0.4	0.4	0.4	0.4	0.4	0.4

图4-12 护仓河2012~2014年TP变化趋势图

二、项目实施的主要环节

（一）固定投资回报型模式

本项目由北京国泰牵头组成联合体，通过招标投标的方式获得项目承担权，与天津市排水管理处签订合同，双方约定综合的治理效果；联合体负责筹集资金、集成技术、方案设计、实施治理及维护运行，实现约定治理效果；天津市排水管理处委托有资质单位进行工程监理，委托第三方机构进行工程验收、水质定期监测和治理效果考核；如果达到合同约定的治理效果，则天津市排水管理处依据约定支付相应的服务费用，如果没有达到合同约定的治理效果，则按合同及考核办法约定扣除相应的服务费用，运行模式如图 4-13 所示。

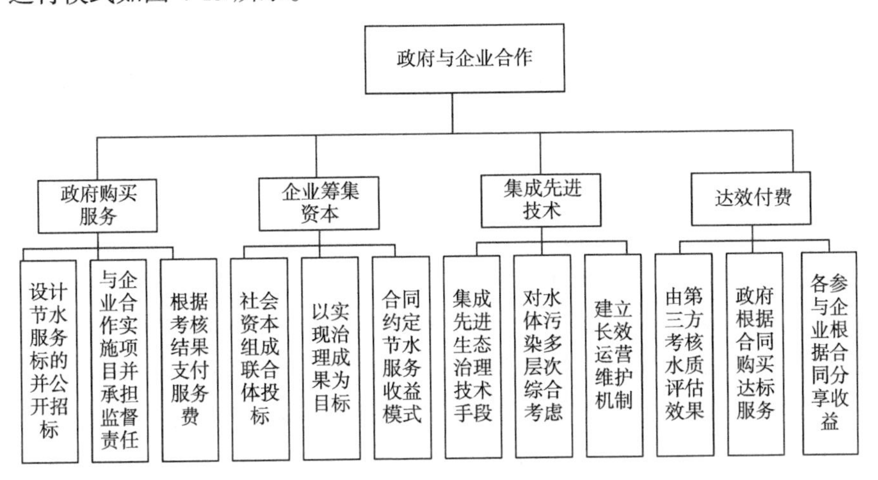

图 4-13　护仓河项目商务模式示意图

本项目总投资为 1543 万元，治理期为 2015 年 11 月至 2016 年 4 月，2016 年 5 月考核达标后治理期结束进入维护期，合同截止期为 2018 年 12 月 31 日。治理期考核合格后，天津市排水管理处按照合同约定支付治理期的所有费用，然后根据每一阶段维护期的考核结果支付当期维护费用。

（二）治理目标

依据护仓河实际情况与项目实施特点，将治理河段分为污染控制区与常规治理区两个区，分别制定不同的治理目标，按照预定进度实施治理，实施进度安排具体见表 4-2。

表 4-2 项目实施进度安排

序号		时间	工作情况	
			常规治理区	污染控制区
治理期	1	2015年11月到2016年1月	现场勘察、污染源调查、检测水质主要指标（溶解氧、COD、NH_4^+-N、TP、pH值、透明度）等	
	2	2016年2月到4月	区域水质主要指标达到《地表水环境质量标准》（GB 3838—2002）（河道）V类标准；底泥消减；提高水体透明度；消除水体黑臭现象；消除蓝藻暴发因素；提升河道景观功能	主要指标削减40%以上；底泥消减；提高水体透明度；消除水体黑臭现象；消除蓝藻暴发因素；提升河道景观功能
维护期	3	2016年5月到2018年12月	在非汛期，水质主要指标将保持或优于《地表水环境质量标准》（GB 3838—2002）（河道）V类标准	消除水体蓝藻水华污染；恢复景观水体功能；主要指标削减40%以上

污染控制区主要治理目标是提升水体感观、消除水体黑臭与蓝藻暴发现象，具体包括消除水体黑臭现象，提升河道景观功能；水体透明度提升到50cm以上；抑制蓝藻暴发，消除水华现象；持续维护保持以上效果；主要指标（COD、NH_4^+-N、TP）削减40%以上。

常规治理区主要治理目标为感观改善和水质提升，具体包括水质提升目标是高锰酸盐指数≤15mg/L、COD≤40mg/L、NH_4^+-N≤2.0mg/L、TP≤0.4mg/L、溶解氧≥3mg/L、pH值6~9、透明度≥0.5m、总氮（total nitrogen，TN）指标削减50%以上、维护阶段非汛期水质目标达标率在70%以上；感观改善目标是不发生大规模蓝藻暴发现象、水体透明度明显提高、消除水体黑臭现象、底泥体积明显减少、汛期雨污水冲击后一周内恢复水体感观、保持河道清洁并维持整体感观。

（三）技术集成

护仓河地处市中心居民及商业聚集区，且有不稳定污水排入，仅采用常规方法进行一次性治理，短期内点污染源等问题得不到彻底解决，很难达到预期治理目标，因此提出以分段分区、综合治理的技术集成思路，设计了生态清淤+特异性光合细菌（especial photosynthetic bacteria，EPSB）+强化耦合生物膜反应器（enhanced hybrid biofilm reactor，EHBR）+复合硅酸铝水处理剂+水生植物净化技术、曝气增氧+河道保洁等技术组合的技术集成体系，强化治理与持续维护相结合，迅速改善水体感观，逐步恢复水体生态，提升水体自净能力，所采用的主要技术及作用见表4-3。

表 4-3　护仓河治理主要技术及其作用汇总表

主要技术	作用
生态清淤	保持河道正常水位局部生态清淤，快速削减水体内源污染
EPSB	生物法原位改良底泥，控制内源污染
EHBR	曝气生物膜提升水质，削减 COD、氮、磷等
复合硅酸铝水处理剂	快速提升水质，削减 TP 等，汛期蓝藻应急
水生植物净化技术、曝气增氧	增加植物浮岛、喷泉曝气，削减 N、P 等
河道保洁	按天津市中心城区景观要求开展维护

三、项目实施的具体措施

根据河道水质及污染源分布，实施水质提升、底泥污染治理等工程，建立长效运营管护机制，实现总体预定目标。具体实施内容如下。

一是底泥污染治理工程。项目对淤泥沉积严重的工程治理区域进行工程清淤，采取不断流的生态清淤方式，设计清淤总量 1.41 万 m^3；同时，采用投放生物菌固化颗粒的方式，对工程治理区域采取底泥原位治理，治理期投放量为 40t，维护期投放量为 60t。

二是水质提升工程。选择生态净水产品（技术）消除水体 N、P 等富营养物质，消解、吸附水体中的悬浮微粒，通过沉降提高水体透明度，增加水体观感。工程治理区域沿河道间隔 15m 布置生物膜生态净化设备 287 个；布置 3kW 罗茨风机 4 台；喷洒净水剂降解水中有机物和 TP，治理期投放量为 0.85t，维护期投放量为 1.75t。

三是水生态修复工程。工程治理区域沿河道两侧种植水生植物，共布设生态浮床 167 个，铺设面积 1336m^2。

四是应急工程。针对藻类水华暴发的特点及河道实际情况，采用喷洒除蓝藻剂的方式治理水华突发情况，治理期投放量为 1.1t，维护期投放量为 2.2t，喷洒净水剂应对维护期汛期降雨及雨污混排入河导致的水质急剧恶化现象，结合天津市常年降雨情况及河道周边雨污混合泵站排水规律，年设计应急处理次数 8 次，维护期设计总投放量为 7.83 t。

四、取得成效与效益

（一）取得成效

经过治理和持续的维护，基本消除河体黑臭现象，大规模的蓝藻暴发现象尚未出现，河水透明度长期保持在 80cm 以上，非汛期水质达到并保持《地表水环境质量标准》V类标准，2016 年主要指标 COD、NH_4^+-N、TP、TN 年均削减率分别为 59.58%、74.82%、68.10%、68.22%，见表 4-4。

表 4-4 护仓河项目治理前后主要污染物指标削减率统计表

检测指标	取样时间	中山门	富民路桥	国康道	娄山道	平均值
COD	3 月	39	54	59	82	—
	4 月	36	54	67	72	—
	5 月	35	58	39	51	—
	6 月	40	13	25	28	—
	7 月	25	18	21	19	—
	8 月	43	48	30	29	—
	9 月	11	10	12	12	—
	10 月	38	15	15	26	—
	11 月	14	10	13	10	—
	12 月	19	20	16	15	—
	平均削减率	43.99%	63.24%	65.35%	65.76%	59.58%
NH_4^+-N	3 月	9.63	5.33	5.44	16.4	—
	4 月	8.99	1.88	1.61	4.16	—
	5 月	1.73	0.07	1.76	1.52	—
	6 月	2.69	2.30	2.83	7.50	—
	7 月	6.53	14.30	15.70	14.10	—
	8 月	13.40	8.99	7.81	8.93	—
	9 月	1.84	1.69	2.35	3.01	—
	10 月	1.04	1.09	1.77	2.35	—
	11 月	3.49	1.53	1.73	2.03	—
	12 月	1.95	1.96	1.99	1.71	—
	平均削减率	74.78%	76.10%	70.65%	77.74%	74.82%
TP	3 月	0.58	0.56	0.56	1.51	—
	4 月	1.06	0.26	0.25	0.66	—
	5 月	0.31	0.15	0.17	0.23	—
	6 月	0.42	0.18	0.31	0.61	—
	7 月	0.61	0.75	0.56	0.52	—
	8 月	1.43	0.90	0.59	0.87	—
	9 月	0.17	0.15	0.16	0.36	—

续表

检测指标	取样时间	中山门	富民路桥	国康道	娄山道	平均值
TP	10 月	0.45	0.16	0.23	0.26	—
	11 月	0.31	0.15	0.12	0.30	—
	12 月	0.17	0.12	0.09	0.22	—
	平均削减率	66.43%	72.93%	67.24%	65.79%	68.10%
TN	3 月	10.40	7.75	8.36	17.10	—
	4 月	11.70	11.60	3.23	3.16	—
	5 月	6.11	2.54	3.41	4.70	—
	6 月	3.57	3.09	4.24	8.65	—
	7 月	7.79	15.90	16.70	15.50	—
	8 月	15.50	10.80	9.06	10.10	—
	9 月	2.71	2.58	3.23	3.89	—
	10 月	5.24	1.94	2.60	3.19	—
	11 月	4.53	2.34	2.76	2.94	—
	12 月	2.83	2.83	2.88	2.58	—
	平均削减率	60.91%	75.35%	65.53%	71.11%	68.22%

注：除平均削减率外，其他数据单位均为 mg/L

（二）经济效益

通过在合同节水管理模式下进行技术集成，开展护仓河水环境治理，与传统的清水冲污治理方法进行了对比分析，主要以一些基本资料及有关研究成果为基础，从引水费用、污水处理费用、蓝藻应急治理费用及减排效益等方面进行初步分析测算。

一是节约引水费用。为改善城市黑臭水体生态环境及其造成的不良影响，在城市河流水质容易出现加剧恶化的时段（如春季、夏季），通常采用传统的清水稀释方式进行临时缓解。在项目运行期间，如果按原来一年引 400 万 m^3 左右的水量用于稀释冲污计算，按 2016 年引水价格，仅此一项每年可节约水费约 832 万元[6]。

二是节约污水处理费用。护仓河河道常规储水量为 18 万 m^3，如果按年换水 6 次、污水处理费 1 元/m^3 计算，每年可节约污水处理费约 108 万元[6]。

河、湖污染治理是一项系统工程，需要在短期内投入较多资金进行治理，并需要持续的维护。部分地区受财政收入的限制，污染治理与生态修复一次投入经费不足，只能逐步分批少量投入，但往往不能达到预期的治理效果。例如，采取合同节水模式，由参与单位投入资金进行治理，业主单位不需要再逐年单独投入治理费用。

三是节约蓝藻应急治理费用。按照现在情况，每年春夏季节会暴发蓝藻污染，给护仓河水生生物带来危害，严重影响护仓河的景观作用，给周边居民生活带来不利影响。如果按照每方水治理成本 1 元、每年应急治理 3 次计算，每年可节约蓝藻应急治理费用约 54 万元[6]。

四是提升减排效益。根据护仓河水质监测数据，按照我国“十一五”期间污染减排费用效益分析报告的计算方法，估算可得由于本项目实施产生的减排效益每年约几十万元。

五是节约其他费用。按照国务院办公厅《关于进一步推进排污权有偿使用和交易试点工作的指导意见》（国办发〔2014〕38 号）和《排污权出让收入管理暂行办法》（财税〔2015〕61 号）的相关要求，将建立健全环境资源有偿使用制度，实行排污权有偿使用和交易。合同节水管理应用于水污染治理项目，可减少污染排放并提升水环境容量，产生良好的经济效益。

（三）生态效益

一是系统集成底泥原位治理、生物膜水质净化、水生植物修复等技术，使河床底泥得到清除或上层固化，水质主要污染物指标含量大大削减，提升了河水自净能力，恢复了较健康的河道水生态系统；二是河水中的污染物质得到削减，护仓河向外排放的污染物总量大大减少，减轻了环境负荷；三是河道黑臭现象消失，蓝藻未大规模暴发，河水透明度大大提高，提高了护仓河景观价值。

（四）社会效益

护仓河水生态项目的成功实施，使周边环境更加优美宜居，居民生存环境得到有效改善，周边居民、行人、出租车司机等均对护仓河治理情况表示满意，为政府部门树立了良好的公众形象。护仓河水生态项目也得到了社会各界高度关注，住房和城乡建设部等有关单位等相继赴护仓河进行考察调研，发挥了很好的示范作用，为资源节约型、环境友好型社会建设发挥了积极作用。

五、取得的经验

（一）完善了市场激励机制

护仓河合同节水管理实践中实施了设立财政奖补资金、实行相关税收优惠政策、鼓励金融机构提供优先信贷服务等激励措施，对实行节水的单位进行补贴。同时，天津市重视发挥市场的作用，鼓励节水服务企业开拓市场，并积极打造节水服务平台，利用商业模式鼓励节水工程的开展。

（二）创新了投融资机制

护仓河合同节水管理实践中充分借鉴了主流投融资模式的优势，搭建了节水投融资平台，使节水项目可根据自身特殊需要选定节水方式，因地制宜地进行节水改造，使更多的社会资本投入合同节水产业，改变了政府单方扶持的节水投入模式，大大提高了社会力量参与节水的积极性。

（三）建立管理长效机制

项目实施过程中，护仓河水质明显得到改善，但在项目结束后，即运营维护期之后，由于缺少了合同的约束，需建立长效的管理机制，为技术、人才、资金提供保证，从而保持治理成效。

（四）缺乏风险评价机制

水体污染，特别是黑臭水体治理是一项复杂的系统性工程，污染物的来源和影响因素比较多，水环境治理的合同节水管理项目风险较高，如在没有风险评价机制的情况下，节水服务企业一般没有较高的积极性承接水环境治理合同节水管理项目。因此，缺乏风险评价机制将使得合同节水管理在水环境治理方面的推广具有一定难度。

第三节　节水效果保证型合同节水管理实践案例

亚美尼亚水及污水公司（Armenian Water and Wastewater Company，AWWC）与法国水务管理公司苏尔（Saur）经过协商决定采用节水效果保证型实施合同节水管理项目。本节旨在通过介绍该应用案例，分析节水效果保证型合同节水管理模式的成效和经验。

一、基本情况

亚美尼亚是一个位于亚洲与欧洲交界处的内陆国家，气候随地势高低而变化，气候垂直变化显著，属于干燥类型。为了改善该国的水资源系统，亚美尼亚政府于2000年出台了《水法》等一系列的改革法案。2004年8月，AWWC与Saur签订了一项为期4年的合同节水管理项目。该项目服务了亚美尼亚的10个区域，包含37个城镇和280个村庄，共计70万人，水资源的管理、运营和维护工程由AWWC全权负责[7]。

二、采用的模式

亚美尼亚主要采取了节水效果保证型的合同节水管理模式。AWWC与Saur约定节水效益，项目的实施费用由AWWC出面向世界银行筹集。

政府组织任命了专门的技术专家组对项目实施进行监督，以保证项目的顺利完成；技术专家组向项目管理委员会提供节水建议，管理委员会测算需要支付 Saur 激励津贴，并联系相关的审计机构来评估实施效果。

三、取得的成效

（一）节水意识得到很大提升

经过多年的项目实施，亚美尼亚的广大用水单位认识到了水资源紧缺的严重性，并逐步形成了节约用水的观念和自觉节水意识，节水成本和水资源的消耗量均大幅减少，水资源浪费现象得以遏制，节水效率得到了有效提高。

（二）水资源管理更符合国际标准

亚美尼亚积极引进国际水资源管理公司，不断完善与优化自己的水资源管理系统，为水资源的使用和可持续管理制定了一系列的规范要求，使水资源管理更加符合国际标准。

四、取得的经验

（一）转变了政府职能

亚美尼亚在引入市场机制的同时，也在不断转变政府职能，政府在水服务中的角色也发生了变化，从水服务的提供者转向制度规定者和立法执行者。同时，各个公司具体负责水资源管理的运营，政府对水服务的参与减少，将权力下移给负责公司。通过不断地实行简政放权，促进合同节水管理项目在亚美尼亚的推广和实施。

（二）政府给予了资金支持

在亚美尼亚的合同节水实践中，项目初期的采购、服务运营及水网基础设施的投资均由 AWWC 向世界银行借款，主要成本几乎由政府税收和政府补贴承担。

第四节　水费托管型合同节水管理实践案例

2011 年，阿曼苏丹国公共水电管理局通过与法国水务管理公司威立雅（Veolia）合作，采用水费托管的模式进行合同节水管理。本节旨在通过介绍该合同节水管理的实践案例，分析水费托管型合同节水管理的成效和经验。

一、基本情况

阿曼苏丹国位于阿拉伯半岛东南沿海，该国除了少部分地区属高原山地气候，其余均属于热带沙漠气候。由于该国经济的快速发展，用水量也在持续增长，用水形势日益紧张。2011 年，阿曼苏丹国公共水电管理局与法国水务管理公司威立雅进行合作，签订了一项为期 5 年的水资源管理合同[8]。

二、采用模式

该项目主要采取水费托管型的合同节水管理模式。阿曼苏丹国公共水电管理局在节水项目改造后，以承包水能源费用的形式，将整个水能源系统的运行和维护工作交由法国水务管理公司威立雅负责。阿曼苏丹国公共水电管理局委托法国水务管理公司威立雅进行节水系统的管理，并按照合同约定支付托管费用，而法国水务管理公司威立雅通过提高节水系统运行的节水效率来控制阿曼苏丹国的水耗，并按照合同约定分享节水费用。

三、取得的成效

（一）形成了系统化的节水模式

在项目实施过程中，法国水务管理公司威立雅负责提供节水工程服务，建成了 10 个区域性控制室和国家级控制室，形成了系统化的节水模式，极大地提升了节水效率。

（二）节水效果明显

阿曼苏丹国公共水电管理局与法国水务管理公司威立雅签订了期限为 5 年的合同之后，得到了法国水务管理公司威立雅的节水技术支持，在合同到期时将水资源损耗降低到了 30%以内，取得了明显的经济效益。

四、取得的经验

（一）积极引入国际资本和技术

阿曼苏丹国公共水电管理局与法国水务管理公司威立雅合作，积极引入国际资本和技术参与本国的合同节水项目，使合同节水项目得以迅速地推广和实施。

（二）完善责任激励机制

阿曼苏丹国公共水电管理局除了利用财政以财政补贴的形式来鼓励节水服务企业的发展、税收优惠以税收减免或增加费用扣除等方式缩减节水服务企业的费用开支外，还积极采用金融扶持等多种手段对节水服务企业进行激励，有效地推动了合同节水管理项目的顺利实施。

第五节 节水设备租赁型合同节水管理实践案例

为了更好地推进节水工作，美国金斯波特市经过与节水节能公司 Johnson Controls 协商，采用节水设备租赁的模式开展合同节水管理工作。本节旨在通过介绍该合同节水管理的应用案例，分析节水设备租赁型合同节水管理的成效和经验。

一、基本情况

2008 年，美国金斯波特市在水资源审查中发现，整个城市普遍存在严重的水资源浪费现象，每年由水配给系统中的泄露或者水管破裂而造成的浪费约有 12 亿 gal。使用水损耗管理系统可以有效减少水资源的浪费，但工程的实施对人力、物力、财力的要求很高。为更快地开展节水工程，金斯波特市与节水节能公司 Johnson Controls 合作，签订节水改造合同，目的是实现水资源系统的高效运营。

二、采用模式

金斯波特市采取了节水设备租赁型的合同节水管理模式，节水节能公司 Johnson Controls 通过资本租赁、性能与通信企业（performance and communication enterprise，PACE）债券等来进行融资。资本租赁是节水节能公司 Johnson Controls 将高效率的设备作为资本设备租赁给供水单位，在合同结束后，该设备就不再是节水节能公司 Johnson Controls 所属，而是由供水单位拥有。在资本租赁方式中，供水单位的资产负债表里不存在该设备，因此在减少税费缴纳方面有一定的优势。PACE 债券由政府借款进行保障，通过利用 PACE 债券进行融资，节水节能公司 Johnson Controls 可向专门为节能项目设立的市政融资项目借款，并在 20 年后根据资产缴纳单缴纳融资费用[9]。

三、取得的成效

（一）合同节水管理模式实施效果良好

金斯波特市合同节水管理项目非常成功，它是由节水节能公司

Johnson Controls 进行项目融资，并保证取得节水效益。同时，节水节能公司 Johnson Controls 还承诺，如果开展节水管理后没有达到预定的收益，公司就会提供相应的补偿，而金斯波特市主要是对合同节水项目进行运营和维护，两者相互配合，使合同节水管理模式得到了良好实施。

（二）预期收益得到了保证

金斯波特市通过实施该项目，不仅实现了财务上的自由，而且新的检漏系统和自适应多速率（adaptive multi-rate，AMR）系统也为金斯波特市提供了安全保障。金斯波特市经过修理改善后，每分钟能够减少 120gal 的水损失，增加了 1500 万美元的节水收益。

四、取得的经验

（一）建立了责任考核制度

金斯波特市利用通用的验证标准和测试标准对节水服务企业进行考核和监督，强化了责任考核，以保证合同节水管理项目评价体系的客观和公正，这便使企业的信用评价体系更加完善，为合同节水管理市场创造了一个良好的竞争环境。

（二）设立了完善的融资平台

金斯波特市专门设立了合同节水管理项目的专项担保基金，鼓励金融机构为节水领域提供服务，如专项基金、风险投资等。多渠道资金运用于合同节水项目中，为合同节水管理项目的良好实施提供了充足的资金支持。

第六节 复合型合同节水管理实践案例

上海市采用节水效果保证型和水费托管型的复合型合同节水管理模式进行合同节水管理工作，以激励节水服务企业与用水单位建设信息化管理系统。本节旨在通过介绍该合同节水管理的实践案例，分析复合型合同节水管理的成效和经验。

一、基本情况

上海市水资源较为丰富，3 万余条的河道纵横交错，26 个湖泊星罗棋布[10]。上海市的水资源总量较为丰富，但是过境水资源占据了上海市水资源的主要部分，2010 年太湖流域来水量和长江干流来水量大约为 10 000 亿 m^3，而本地水资源量仅为 31 亿 m^3，仅为流域过境水量的 0.3%[10]。因此，在上海市实施合同节水管理具有一定的必要性。

二、采用的模式

上海市主要采用节水效果保证型和水费托管型两种合同节水管理模式，激励节水服务企业与用水单位建设信息化管理系统，实现用水机构的精准化管理与全生命周期的运维服务，保障了合同节水项目的持续性。

三、取得的成效

（一）节水效果明显

节水服务企业采用了节水设施漏损点的检测系统，当异常情况出现时，检测系统能够迅速察觉，使管道漏损及维修成本均能够有效降低。截至2019年，节水服务企业共发现管道爆裂、水龙头未关、企业用水量异常上升等各类用水异常报警案例几十起，检测系统均给予了及时有效的提醒[11]，从而降低了用水单位的损失。

（二）节水技术水平大大提高

节水服务企业对物联网和大数据分析技术进行了融合运用，运用智慧用水管理平台为用水单位提供每月用水量分析报告，帮助用水单位节约用水，消除了传统人工节水管理的弊端，提高了用水单位的管理信息化水平，降低了用水单位的水耗。

四、取得的经验

（一）全面制定了相关配套政策

上海市节水工程的开展得益于相关政策的支持，全面部署合同节水管理的相关工作和制度安排，对机关单位、高校、高耗水工业等用水机构开展相关政策引导，使节水管理工作能够顺利进行。

（二）完善了激励机制

上海市通过实行水价改革、用水监管、定额标准、节水考核机制和节水奖励等节水激励措施，激发了节水用户的节水热情和节水积极性；同时，对符合相关条件的合同节水管理项目实行了税收优惠政策。

第七节　经验借鉴与存在的不足

河北工程大学、佐治亚州克莱顿县、天津市护仓河、亚美尼亚、阿曼苏丹国和金斯波特市的合同节水管理项目采用了节水效益分享型、固定投资回报型、节水效果保证型、水费托管型、节水设备租赁型等五种主要的合同节水管理运行模式，上海市采用了节水效果保证型和水费托管型的复合型合同节水管理模式进行合同节水管理工作，均获得了较大成功，从中可以得到许多合同节水管理经验。

一、经验借鉴

（一）完善水资源管理政策法规

上海市主要依据《关于推行合同节水管理 促进节水服务产业发展的意见》和《国家节水行动方案》的相关内容进行合同节水管理项目的实施，通过有关法律法规的出台，从资金支持、税收减免和金融服务等各个方面促进合同节水管理项目的实施。克莱顿县水务局运用法律行政手段制定了耗水总量，通过制定管理标准与节水服务奖惩机制，完善了其节水相关的法律法规。鉴于此，出台并完善与水资源管理相关的法律法规是十分必要的，这可以进一步推动水资源管理合理化与制度化建设。

（二）完善责任考核与激励机制

阿曼苏丹国通过完善责任考核与激励机制调动全民的节水积极性，合同节水管理项目得以顺利实施。天津市护仓河与河北工程大学合同节水管理项目试点的实践经验表明，在保证项目实用性和可靠性的同时需要完善责任考核机制，落实有关部门的责任。另外，政府采用了财政和金融政策扶持等方法激励节水服务企业的发展，加大补贴激励及减少税收等措施，使合同节水管理项目的实施得到更好的保证。通过建立健全严格的技术评鉴与责任考核制度，可防止我国在合同节水管理中出现技术能力和企业信誉问题，有助于合同节水管理的顺利实施。

（三）建立融资平台和保障制度

为了节水管理项目的顺利开展，金斯波特市设立了合同节水管理项目的专项担保基金，并且充分鼓励金融行业为节水领域提供服务，如专项基金、风险投资基金等，为合同节水管理项目的良好实施提供了充足的资金支持。护仓河合同节水管理实践充分借鉴了主流投融资模式的优势，搭建了节水投融资平台，因地制宜地进行改造，这样就会使更多的投资者为合同节水产业发展注入社会资本。此外，融资制度的建立可为投资者和融资平台提供坚强保障与有力支持，有利于形成良性的长效机制。因此，当前合同节水产业已经开始引起国内一些金融机构的关注和支持，这使融资难的问题得到了一定的缓解，政府和各级水资源管理部门可以借鉴护仓河与金斯波特市合同节水经验，联系搭建节水投融资平台，并制定相关制度为平台的良好有序运行提供保障。

(四)转变政府职能培育合同节水服务市场

从河北工程大学试点项目可以看到，虽然节水效益显著，但是由于节水管理投资巨大，学校在合同节水管理项目运营管理初期需支付大量资金。合同节水管理对政府、节水服务企业和用水单位而言，都是一种新兴事物，在政策制定、市场潜力预测、节水风险评价、资本募集、技术产品研发、项目改造、运行管理、各方的责任和义务、效益分享等各个环节还没有成熟的经验。在传统的节水管理中，政府的角色是工程建设项目的投资、建设及运营的直接介入者；在合同节水管理中，政府的角色是项目运营效果的考核管理者，政府及各级水资源管理部门应充分发挥管理职能，建立完善的节约、保护水资源的市场机制。实施合同节水管理，节水服务企业和用水单位按照水资源价值获得节水投资收益，对金融资本具有强大的吸引力，可充分发挥市场在资源配置中的决定性作用，促进节水服务市场良性发展，具有较大的市场空间。然而，要使节水服务企业和用水单位通过节约的水资源市场价值获得回报，需要改变我国水资源的价格与价值背离、水价低廉的局面。当政府和市场形成强大的合力，使节水服务企业和用水单位投资的节水项目能够按照水资源的价值获得回报时，才能够推动合同节水管理的顺利实施。

(五)建立技术引进和评测制度

从佐治亚州克莱顿县和上海市的做法可以看出，实施节水技术改造对用水单位的工作产生了巨大的影响及经济效益。佐治亚州克莱顿县通过引进泄漏传感器来进行漏水检测，上海市引进节水设施漏损点的检测系统，大大减少了无收益水损失。金斯波特市利用通用的验证标准和测试标准来对节水技术进行评测，以保证合同节水管理项目改造的先进性。因此，需要节水服务企业大力引进先进技术，同时制定技术评测制度，鼓励节水服务的企业发挥技术优势，加大科研投入及技术创新，努力发展为具有节水技术优势的专业化公司。

(六)强化节水管理制度

借鉴上海市的合同节水经验，坚持深化节水和取用水的管理制度，在实际工作中严格遵循取水许可、超计划超定额累进加价等制度，建设项目节水管理，并严格执行计划用水管理，按照相关用水定额标准创建水资源论证、取水续证评估、节水载体，降低单位产品的用水量，实现了主要非居民用水单位管理全覆盖。因此，我国要落实严格的水资源管理制度，以保证水资源的有效利用。

（七）完善节水宣传机制

河北工程大学将节水宣传工作常态化、具体化，有效地增强了宣传效果。上海市采用融媒体等新型宣传手段，在广场及商圈的电子显示屏，大力进行节水标语和公益广告的宣传。因此，我国在今后的合同节水管理中，可以通过制作以节水型社会建设为主题的宣传片，制定节水宣传的政策和保障机制，组织各个用水单位大力实施节水公益宣传教育，从而提高群众的节水意识，为合同节水管理的顺利推行提供政策保障。

（八）完善用水监管平台和机制

河北工程大学通过建设节水监管平台，可以借助用水管理系统，并融合大数据平台、云平台和传感器等技术，在用水管道上安装计量用水设备，利用传输模块建设的数据中心，实现对用水数据的实时监测，用水单位通过各种自动监测系统对用水的数据进行实时记录，并根据观测的用水信息对用水量进行在线管理，实现了对用水量的实时监控。同时以结构化形式存储于大数据平台，并在用水管理系统中进行运用，有效地实现了用水量与用水信息的在线监测和动态化管理。因此，需建立和完善相关制度，建立长效机制，鼓励用水单位建立用水监管平台，实时在线监测用水、节水情况。

综上所述，目前我国的合同节水管理还存在一些问题亟待解决，需要行业领域的专家和学者对相关问题进行深入研究，为政府和各级水资源管理部门制定、完善和补充相关条例及制度保障体系提供借鉴，最终形成明确可行的政策和支持路径。

二、存在的不足

通过前面几节不同模式的合同节水管理实践案例可以发现，合同节水管理项目的实施，充分发挥了市场机制，促进了水资源节约，减少了水资源的浪费，节水工作取得了一定成效。然而，我国的合同节水管理起步较晚，仍处于积累经验的探索阶段，采用合同节水管理模式进行节水管理的试点项目还不是很多，还未向社会全面推广，对全社会的示范性和影响力较低，还存在着诸多问题，主要体现在如下几个方面。

（一）利益分配方式尚不健全

利益分配是合同节水管理的重要环节，对合同节水管理项目的顺利实施有着重大影响。

从不同案例的实施情况来看，合理的利益分配方案是节水服务企业与用水单位签订合同节水管理项目的重要前提，对合同各方的积极性有重要影响。由于合同节水管理项目是一种全新的节水模式，关于合同节水管理利益分配的研究还较少，还缺乏针对不同运行模式的利益分配方案。因此，这就导致了我国目前还缺少实际操作性强、具有权威性的利益分配方案和标准，相关的研究也较少，使得节水服务企业和用水单位在分享节水效益的比例和分享期限环节难以达成一致，因此，亟须对我国合同节水管理的利益分配，尤其是对不同模式的合同节水管理项目的利益分配问题进行研究。

（二）风险评价缺乏深入研究

虽然以上各案例项目均为成功案例，但是在实施过程中均存在着一定风险。合同节水管理项目涉及的参与者较为广泛，包括政府、节水服务企业、第三方测评机构、用水单位等，同时，项目合同周期长、改造工程复杂，会受到政策、市场、金融机构、项目运行情况等方面诸多不确定因素的影响，是一项综合性和复杂性的系统工程。尤其是节水服务企业作为合同节水管理的参与主体是项目的投资者和主要实施者，不仅承担着技术风险还承担着资金风险、贷款的信用风险等。如果项目进展不顺、节水效益不佳，节水服务企业的收益就很难实现。因此，对整个合同节水管理项目的风险进行评价，深入挖掘影响项目实施的风险因素，对整个项目的顺利实施、保证节水效果，以及节水服务企业参与的积极性都具有重要的意义，并且，对制定合理有效的支持政策和路径，也具有很好的借鉴意义。然而，当前关于合同节水管理的风险研究较少，缺乏系统、深入的分析。

（三）节水潜力与市场资本需求需进一步分析

尽管合同节水管理试点项目的实施取得了一定成效，但仅仅是针对个别地区的用水单位或领域而言的，从全国范围来讲，在农业、工业、城市生活等不同行业的节水潜力和市场资本需求如何，决定了合同节水管理的发展前景和将来在全社会推广的成效。因此，需要对全国的农业、工业、城市生活等不同行业的节水潜力和市场资本需求进行深入分析与测算。节水潜力是农业、工业、城市生活等各行业通过综合节水措施，分析当前用水量与节水指标的差值，并根据现状发展的实物量指标计算可能达到的最大节水量。合同节水管理的实施，对农业、工业、城市生活等各行业的用水单位均具有重要影响，依据各行业的相关制度和方法，测算各行业的节水潜力，可为水资源管理部门政策的制定和节水服务产业的发展提供数据支撑和决策依据。此外，合同节水管理能否良好地推行，市场资本需求至关重要，所以对农业、工业、城市生活等节水市场资本需求进行测算，可为合同节水管理的推广和顺利实施提供有力的数据支撑。因此，亟须对合同节水管理的节水潜力和市场资本需求进行分析。

参 考 文 献

[1] 郭秀红，杨延龙. 关于实施高校合同节水的几点思考[J]. 中国水利，2019，9：8-10.

[2] 钟恒，徐睿，崔旭光，等. 合同节水管理模式在高校的应用研究——以河北工程大学为例[J]. 水利经济，2017，35（5）：49-52，77.

[3] 黎玖高，石亚洲，郑广天，等. 校园节水模式与新技术应用研究[J]. 高校后勤研究，2018，S1：54-56.

[4] 滕红真. 节水型高校让节水更高效[N]. 中国水利报，2019-03-28（003）.

[5] 水利部综合事业局，水利部水资源管理中心. 合同节水管理推行机制研究及应用[M]. 南京：河海大学出版社，2018.

[6] 唐婷. 借力合同节水模式 天津护仓河“旧貌换新颜”[N]. 科技日报，2016-12-16.

[7] Organization for Economic Co-operation and Development. Guidelines for performance based contracts between water utilities municipalities：lessons learnt from Eastern Europe，Caucasus and Central Asia[R]. Kazakhstan：OECD，2010.

[8] Veolia. Performance contract for the water sector in Oman[R]. Muscat：Veolia，2014.

[9] Johnson Controls. An awakening in energy efficiency：financing private sector building retrofits[R]. Milwaukee：Johnso Controls，2010.

[10] 蔡君君. 上海市水资源现状与节水管理[J]. 科学与财富，2015，7：170.

[11] 吴耀民. 上海市合同节水管理实践探索与对策浅析[J]. 中国水利，2019，13：12-14.

第五章　合同节水管理利益分配模型

依据第二章第四节利益相关者理论，利益分配是合同节水管理项目的重要环节，对合同节水管理项目的顺利实施有着重大影响。目前关于合同节水管理利益分配的研究较少，还缺乏比较成熟的经验。本章将针对国内采用较多的节水效益分享型、固定投资回报型的合同节水管理的利益分配问题进行研究，以期为后续案例的实施提供理论依据。首先，对常用的利益分配模式进行回顾，并结合 Shapley 值法对合同节水管理利益分配模型进行案例分析；其次，结合讨价还价理论，建立节水效益分享型的合同节水管理利益分配模型，并给出算例分析；最后，基于契约理论（见第二章第三节）的重要分支——委托代理理论，构建固定投资回报型的合同节水管理利益分配模型，并进行算例分析。

第一节　常用的利益分配模型

一、文献回顾

目前，国内外众多学者对利益分配问题进行了大量研究。Xu 等[1]指出酒店建筑是一种高耗能建筑，通过因子分析法，分析了中国酒店建筑节能改造的效益分配问题。Qian 和 Guo[2]考虑了能源服务承包项目价值的不确定性，建立了能源服务公司与能源使用组织之间的收益共享议价模型，分析了双方贡献程度对节能项目的影响。Pätäri 和 Sinkkonen[3]基于能源绩效合同商业模式的可行性，挖掘了阻碍其业务发展的主要因素是业务利益分配的不确定性，这是客户在项目中的投入时间和资源意愿的关键影响因素。Shang 等[4]指出了节能效益分配问题是阻碍节能合同机制快速发展的障碍之一，利用 Rubinstein 的讨价还价博弈论考察了利益分配过程，得到了一个令节能服务公司和客户都满意的有效的讨价还价区间。Garbuzova-Schlifter 和 Madlener[5]分析了与俄罗斯工程项目相关的风险因素和利益相关者，指出与利益分配相关的风险因素对俄罗斯工程项目的风险贡献最大，需要引起政策制定者和企业决策者的特别关注。Liu 等[6]

基于国家电机升级示范项目的数据，对利益相关者进行了分析。Carbonara 和 Pellegrino[7]分析了私人部门和公共部门之间的工程总承包模式，建立了一个新的模型来评估净收益，创造了一个私人部门和公共部门双赢的解决方案。Shang 等[8]从利益相关者的角度，利用 Shapley 值法设计了节能效益的初始分配方案，运用 AHP 确定了风险评价指标和利益相关者的权重，并利用归一化风险系数对节能效益的初始分配进行修正，从而得到节能效益的最终分配方案。

张旺和王海峰[9]指出了开展节水管理过程中存在投资节水特别是节水收益分配不确定性的问题，这是影响节水管理发展的重要因素。郭俊雄[10]在节能服务公司、节能用户和资金提供者合作的基础上，对经典的动态联盟收益分配方法进行了比较，并选择了 Shapley 值法，规划了节能收益分配路径。刘欣欣[11]分析研究了节水效益分享型和固定投资回报型两种模式下合同节水管理收益分配机制，为决策者实施合同节水管理项目提供了决策借鉴。杨哲[12]利用讨价还价模型，分析了企业集团在组建过程中的利益分配问题。阎建明等[13]总结了国内合同能源管理商业模式，分析了合同能源管理的影响因素，并使用基于逼近理想解排序法（technique for order preference by similarity to an ideal solution，TOPSIS），建立了全新的合同能源管理效益分配模型。李莉等[14]通过对比分析现有的利益分配方法，建立了 Shapley 值理论的利益分配模型，设计了开发商、节能服务公司及金融机构都认可的合理利益分配方案。郭路祥[15]从实践、政策、制度等方面分析了合同节水管理现状，指出了合同节水管理的有利因素和制约因素，并对合同节水管理发展前景进行了预测。刘德艳和尹庆民[16]分析了合同节水管理的模式特点，发现其利益相关者之间存在着一种合作博弈的关系，并将利益相关者的成本投入、节水效果、风险承担等因素纳入 Shapley 模型中，以便使合同节水利益的分配结果更趋于合理化。蒋菱等[17]在基于不完全信息的讨价还价模型的基础上，研究了动态联盟的利益分配问题。周峰等[18]考虑了合同能源管理的利益分配机制中存在的不确定性因素，设计了合同能源管理参数的确定方法，优化了各参数的模拟效果，构建了节能利益分配的不确定模型。尹庆民等[19]通过米切尔评分法确定合同节水管理的相关利益者，运用递阶层次模型确定了各利益相关者的权重，并在此基础上建立了利益分配公平熵模型，证明了节水效益、双方重要性权重、资源投入贡献之间的相关关系。曹文英和袁汝华[20]依据公平兼顾效率、收益与风险对称等原则，运用修正的 Shapley 值模型，分析了跨区域多个主体之间的合作对策问题，并对各参与方最终分配到的收益比例进行修正协调，以解决跨区域水电项目建设过程中的收益分配不均问题。原欣[21]以合作博弈理论为基础，研究了云制造联盟中的利益分配问题。彭勇和李新新[22]建立了泊位共享收益分配的三方讨价还价动态博弈模型。吴洁等[23]以联盟企业间知识转移为研究对象，构建了考虑联盟、企业及中介机构三方的讨价还价利益博弈模型。鲁达明[24]按照米切尔评分原则，识别了合同节水管理的效益分配方案，分别采用 Shapley 模型、修正的 Shapley 模型与公平熵模型，探究了不同合同节水模型对合同节水管理效益分配的影响，并对某用水企业的效益分配进行了对比分析。

由此可见，国内外众多学者从不同方面对利益分配问题进行了研究，并且取得了一些成果。然而，关于合同节水管理在不同模式下的利益分配问题研究较少，尚不能很好地解决合同节水管理实施过程中的利益分配问题。因此，研究合同节水管理利益分配模型有较强的理论和现实意义。

二、基本假设和时间界定

根据以上分析，不同时间段内的利益分配过程也有所不同，因此事先给出如下假设。

假设 5.1 已签订节水合同，明确了合同履行期，但节水利益分配方式未确定。

假设 5.2 依据不同合同履行程度，合同节水利益可以在各参与方之间流动。

假设 5.3 合同节水管理各参与方都追求自身经济利益最大化，即都追求自身节水收益最大化，满足经济学中“理性人”的基本假设。

利益分配问题的时间段如图 5-1 所示。

节水合同准备阶段	节水合同实施阶段	节水合同终止后的维护阶段
前期评估，合同准备	资金投入，设备升级	后期维护，自主管理

图 5-1 利益分配时间段

第一阶段为节水合同准备阶段。该阶段的主要工作是节水服务企业对用水单位的用水情况进行评估，并根据情况提出合理的节水方案，在与用水单位和政府节水管理部门充分协商后完善节水方案和签订节水合同。

第二阶段为节水合同实施阶段。该阶段是节水方案的具体实施阶段，按照合同规定的进度实施，逐步对用水单位过时的用水设备进行改造，将节水技术和资金用到实处，使节水项目顺利实施并逐渐产生节水收益。

第三阶段为节水合同终止后的维护阶段。该阶段是指合同已经到期，后续工作已经移交给用水单位，需要用水单位对节水项目自行维护和管理。

三、利益相关者的确定

利益相关者一词的提出可以追溯到19世纪80年代初，弗里曼在《战略管理：利益相关者方法》中明确提出了利益相关者的概念。之后，国内外学者从不同方面对利益相关者理论进行了分析，并对利益相关者的概念提出了数十种不同的定义。合同节水管理是一种基于市场机制的节水管理机制，可以使参与方均获得一定的经济社会收益。根据不同的划分方法，利益相关者可以划分为不同类别，国际上比较通用的划分方法是多锥细分法和米切尔评分法。本节采用米切尔评分法对合同节水利益相关者进行分类，原因在于与多锥细分法相比，米切尔评分法能够明确区分和界定节水项目的利益相关者，且该方法较为简单、具有较强的可操作性和准确性。

1997年，美国学者 Mitchell 和 Wood[25]提出了采用米切尔评分法对利益相关者理论进行评分，具体为：根据合法性、权力性及紧迫性三个方面对利益相关者进行评分，根据分值将运行项目利益相关者进行分类，具体分为确定型利益相关者、预期型利益相关者和潜在型利益相关者。本节将这种划分标准引入合同节水管理中，以区分和判断出其中的各类利益相关者，并将合法性、权力性和紧迫性三者得分均高的判定为核心利益相关者，其中两者得分较高的利益相关者为潜在利益相关者，其余为边缘利益相关者。一般而言，合同节水管理的实施包括节水合同准备阶段、节水合同实施阶段、节水合同到期阶段，这些阶段中涉及了利益相关者，同时作者对合同节水管理项目单位进行了实地调研，归纳出合同节水管理项目中的利益相关者，主要包括节水服务企业、合同用水单位、合同节水资金提供者、合同节水技术咨询公司、当地政府节水管理单位、当地民众、合同节水项目担保机构、合同节水设备提供者、合同节水项目施工单位、法律事务所等。基于此，对上述利益相关者进行米切尔评分。

从表5-1中可以看出，根据紧迫性、权力性及合法性三原则，节水服务企业、合同用水单位和合同节水资金提供者的评分结果均为“高”，这说明它们为合同节水管理的核心利益相关者，两项评分为“高”的是合同节水技术咨询公司，其余利益相关者在紧迫性、权力性和合法性的评分均较低，它们是边缘利益相关者。综上所述，从该表可以得出：核心利益相关者是节水服务企业、合同用水单位和合同节水资金提供者。其中，节水服务企业主要是指提供合同节水服务的专业提供商，它们拥有完整、科学的管理与服务体系及先进的节水设备；合同用水单位是指节水管理的需求方，主要有高耗水工矿企业、生活用水量大的人群集中区（学校、医院）等；合同节水资金提供者通过股权、债权融资等方式为节水服务企业提供项目运营资金，用于节水设备和节水技术的引进。

表 5-1 合同节水管理项目中各利益相关者的米切尔评分

合同节水利益相关者	紧迫性	权力性	合法性
节水服务企业	高	高	高
合同用水单位	高	高	高
合同节水资金提供者	高	高	高
合同节水技术咨询公司	高	中	高
合同节水设备提供者	中	中	中
合同节水项目担保机构	高	中	中
合同节水项目施工单位	中	中	中
当地政府节水管理单位	中	低	高
当地民众	低	低	中
法律事务所	低	低	中

四、常用的合同节水管理利益分配模型

在合同节水管理中，有许多用于分析利益分配过程的模型，可根据基本原理的不同将其分为四种，即基于 Shapley 值法的合同节水利益相关者间合作博弈模型、基于修正 Shapley 值法的合同节水利益相关者间合作博弈模型、基于公平熵法的合同节水利益相关者间利益分配模型和基于 TOPSIS 的合同节水利益相关者间利益分配模型。由于不同模型采用的方法和数学原理均不同，为了更好地了解这些模型，下面对将其进行简要的介绍。

（一）基于 Shapley 值法的合同节水利益相关者间合作博弈模型

博弈论是指双方或多方在竞争、合作、冲突等情况下，充分了解各参与方信息，并以此选择一种能为本方争取最大利益的最优决策的理论，按照博弈结果可以将其划分为负和博弈、零和博弈和正和博弈。负和博弈是指博弈的所有参与者最后得到的收获都小于付出，是一种两败俱伤的博弈；零和博弈是指参与者一方获益，另一方出现损失，参与者之间的收益与损失之和为零的博弈；正和博弈是一种双赢博弈，参与者的多方都获得了对应的收益，是最好的一种博弈结果。正和博弈也称为合作博弈，在合同节水管理项目中，核心利益相关者即节水服务企业、合同节水资金提供者与合同用水单位合作共同参与节水技术改造，共享节水收益，三者在项目中是一个合作博弈。

合作博弈模型主要包括局中人集合与特征函数。局中人集合在合同节水管理中是指 3 个核心利益相关者，用$I=\{1,2,3\}$表示，特征函数是集合I中一切子集的实值函数，用$U(S)$表示，该函数在合同节水项目利益分配中表示各参与方的最大收益，并且满足以下两个条件。①当没有参与者时，不产生合作收益。②当三个参与方合作时，产生的收益不小于各自独立收益之和。用数学语言可将它们表示为：①$U(\varnothing)=0$，$\varnothing$为空集；②$U\{S_1,S_2,S_3\}\geqslant U(S_1)+U(S_2)+U(S_3)$。

Shapley 值法最早由美国洛杉矶加利福尼亚大学 Shapley[26]提出。该方法是一种所得与贡献相等的分配方式，考虑了多方的贡献度，能够较好地解决多方合作博弈的利益分配问题，普遍应用于解决经济活动中的利益合理分配问题。Shapley 值法的基本目的是在一个大企业联盟中，根据给定不同方式所对应的贡献函数，得出最优利益分配方案，其基本思想是参与者所应获得的利益等于该参与者对每一个参与的联盟的边际贡献的期望值。该方法可以很好地反映合作中各盟员对联盟总目标的贡献程度和投入程度，可以有效规避利益分配中的常见问题。相比其他仅根据投入价值、资源配置效率及将二者相结合的分配方式，Shapley 值法更具合理性和公平性，更有利于延续合作。

Shapley 值法的基本过程如下[27]。

假设N为各参与方集合，S为联盟成员构成的集合，其中$S\subseteq N$，$V(S)$代表联盟收益，且满足两个基本条件：$V(\varnothing)=0$，$V(S)>\sum_{i\in S}V(i)$。假设φ_i表示参与方i所得的分配，根据 Shapley 值法相关定理可得

$$\varphi_i=\sum_{S\subseteq N}W(|S|)\left[V(S)-V(S-i)\right]=\sum_{S\subseteq N}\frac{(|S|-1)!(|N|-|S|)!}{|N|!}\left[V(S)-V(S-i)\right]$$

其中，$|N|$为各参与方的数量；$|S|$为联盟成员数量；$W(|S|)$为参与方i组成联盟S的概率；$V(S-i)$为联盟S去掉参与方i后的收益；$V(S)-V(S-i)$为参与方i的边际贡献。

（二）基于修正 Shapley 值法的合同节水利益相关者间合作博弈模型

利用合同节水管理模式进行节水服务时，节水服务企业需要事先支付资金进行节水改造，根据节水效果逐年收回成本和合理利润。不同用水单位水资源的使用情况不同，节水服务企业引进的节水设备和技术的节水效果也不同，这样就存在着节水效果风险。另外，在社会诚信和商业诚信相对缺失、司法成本偏高、体制不够完善的情况下，节水服务企业对中长期投资承担着资金风险。因此，在实施合同节水管理时，需将成本风险、节

水效果和风险承担纳入 Shapley 值法进行改进。

在合同节水管理中，合同节水项目利益相关者前期需要投入一定比例的资金、节水设备、节水技术、节水工作人员和节水场地，而各利益相关者的投入成本影响着合同节水管理项目的预期收益，将其进行量化可以对 Shapley 值法进行修正。其中，需要说明的是节水服务企业投入成本包括其对用水单位用水量审计费用、节水项目设计费用、项目实施费用和后期进行维护费用等。合同用水单位的主要成本投入是为合同节水项目提供场地，承担为开展节水项目使得原有设施不能正常运营带来的损失、合同节水效果不理想的后果和相关人力部门投入等。合同节水资金提供者的主要成本投入是出借资金和资金运行存在的融资风险。

节水服务企业与合同用水单位签订节水合同后的履行程度在一定程度上反映出节水效果的好坏。履行程度大体可分为三种：第一种是合同用水单位实际节水量大于合同约定的节水量，说明节水效果良好；第二种是合同用水单位实际节水量恰好等于合同约定的节水量，基本完成合同任务；第三种是合同用水单位实际节水量小于合同约定的节水量，没有完成预期节水效果。如果节水效果不好，由于各参与方的合同履行程度不同，核心利益相关者必然不可以平分节水收益，合同节水项目中各参与方为达到合同要求所付出的努力程度不同，会造成不同的节水合同执行效果。另外，在合同节水管理中，各参与方作为“理性人”积极追求自身利益最大化，以减少投入成本和降低风险，在多方博弈过程中容易出现许多不利于合作进行的问题，如“浑水摸鱼”问题。为了避免这些问题的出现，将合同节水管理项目各参与方合同履行程度作为预期节水收益分配衡量标准显得十分重要。然而，对于节水合同管理合作中各参与方的努力程度与配合程度，很难用具体的量化数值来衡量，因此需要特定方法对其进行评价。例如，对于合同节水管理中各参与方所承担风险的大小可以采用模糊综合评价法、AHP 及专家打分法来判断，以统计平均法作为度量标准，通过定性与定量相结合的方法，计算合同节水管理各参与方所承担的风险系数。

由于风险因素无法通过精确的数值计算，因此，就需要通过征求相关专家的意见，量化各风险因素的影响系数向量矩阵，以判断各因素对最终利益分配影响程度。设成本风险、节水效果和风险承担修正因素集合用 $\{j|j=1,2,3\}$ 表示，第 i 个参与方关于集合中第 j 个因素的修正系数为 a_{ij}，因此可以得到合同节水管理利益分配的修正系数矩阵，并利用修正系数矩阵对其进行修正，从而得到合同节水项目中的利益分配方案。

（三）基于公平熵法的合同节水利益相关者间利益分配模型

德国物理学家克劳修斯于1865年提出了熵的概念，用来描述系统的无序程度，熵值越大表明能量分布越均匀[19]。在经济系统中，公平熵可以对利益分配公平程度进行度量。在合同节水管理项目中，可以采用公平熵这一指标来衡量合同节水管理的节水效益，公平熵值越大，节水效益的分配就越公平[19]。

假设节水总利益为A，总投入为B，则节水利益为$\pi = A - B$，再假设节水服务企业利益分配占比为α，那么合同用水单位和合同节水资金提供者节水效益占比为$1-\alpha$。因此，可以得到节水服务企业节水分配利益值和合同用水单位、合同节水资金提供者的节水利益分配值。从前面分析结果可以看出，如何确定合理的分配比例，使得节水利益在双方乃至三方参与者之间公平分配就成为该模型研究的重点。

鉴于前面已经选定了三个核心利益相关者，接下来只需要建立三方的单位资源效益（利益）分享方法，假设节水服务企业每单位产品投入c_1的资源量可带来$\alpha\pi$的利益回报，合同用水单位、合同节水资金提供者每单位产品投入c_2的资源量可带来$(1-\alpha)\pi$的利益回报。f_1表示节水服务企业的重要性权重，f_2表示合同用水单位和合同节水资金提供者的重要性权重，$F_1 = \dfrac{\alpha\pi}{f_1 c_1}$表示节水服务企业的单位资源利益分享，$F_2 = \dfrac{(1-\alpha)\pi}{f_2 c_2}$表示合同用水单位和合同节水资金提供者的单位资源利益分享。这样，F_1与F_2之差的和值（即绝对值）反映了节水利益分配是否公平，和值越小说明利益分配就越公平。因此，可用和值作为衡量合同节水项目利益分配是否公平的指标（可定义公平熵确定这一指标值）。为此，需要将F_1和F_2进行归一化处理，定义公平熵，进而得到使公平熵最小的利益分配比例公式$\alpha = \dfrac{f_1 c_1}{f_1 c_1 + f_2 c_2}$。从公式中可以看出，合同节水利益分配比例$\alpha$是双方的重要性权重和资源投入的函数，$f_1 c_1$与$f_2 c_2$之间的大小决定节水利益分配比例。

综上所述，公平熵模型可以解决合同管理中利益分配的问题，但是该方法计算步骤比较复杂，尤其是公平熵参与双方重要性权重确定。在参考大量文献后，发现许多作者采取主观判别法和AHP，从α函数具体表达式上，可以看出f_1和f_2的确定十分重要。因此，合同节水参与方重要性权重确定包含主观性，使用该方法得到的结果有待考察。

（四）基于TOPSIS的合同节水利益相关者间利益分配模型

TOPSIS是Hwang和Yoon[28]于1981年首次提出的，是一种多目标决策分析方法，被广泛运用于解决社会、经济等领域中的实际问题。该方法的基本思想为：首先确定决策问题的理想解和负理想解；其次计算备选决策方案与其理想解、负理想解的欧氏距离；最后计算各决策方案与理想解的接近程度，根据其接近程度进行目标决策。在合同节水管理中，节水服务企业、合同用水单位和合同节水资金提供者之间利益分配方式的确定就是一种决策，节水项目实施前预期策划了利益分配比例，这是合同节水项目的理想解。合同签订以后，具体利益分配方案与原先合同预期结果之间的接近程度也适合用欧氏距离测算，从而可用TOPSIS解决。

在进行合同节水利益分配模型求解前，发现影响其结果的因素有很多，但主要有项目风险、资源投入和贡献程度，这三个因素与合同节水项目利益分配是息息相关的。项目风险包括节水技术风险、节水设备风险、融资风险和合作风险；资源投入包括资金投入、技术投入、设备投入、人力投入、场地投入和时间投入；贡献程度包括工作态度、工作配合程度、工作效率和工作时间。

假设合同节水管理项目有三种运作模式，基于TOPSIS的基本原理，设C_{1i}、C_{2i}、C_{3i}分别为在不同运作模式下，按第i个因素进行分配与最优分配的接近程度，同时用$f_1(\alpha,\beta,\gamma)$、$f_2(\alpha,\beta,\gamma)$、$f_3(\alpha,\beta,\gamma)$分别表示在不同运作模式下利益分配影响因素和最终收益之间的对应法则，α、β和γ分别对应项目风险、资源投入和贡献程度，这样可以得到合同节水管理项目利益分配方案。

（五）方法比选

综上所述，在合同节水管理中，前期需要投入一定比例的资金、节水设备、节水技术、节水工作人员和节水场地，而各利益相关者的投入成本影响着合同节水管理项目的预期收益，将其进行量化可以对Shapley值法进行修正，修正Shapley值法在原有模型上增加了风险因素，而且其中的风险因素无法通过精确的数值计算，多是征求相关专家的意见，通过综合、反馈、整理量化出各风险因素的影响系数向量矩阵，即各因素对最终利益分配影响程度，因此，该方法存在较大主观性。

公平熵模型虽然可以解决合同管理中的利益分配问题，但是该方法计算步骤比较复杂，尤其是公平熵用于确定双方的重要性权重，从许多研究中发现这种权重多是基于主观判断法，在合同节水管理中，该方法比较难操作。

TOPSIS 是根据有限个评价对象与理想化目标的接近程度进行排序的方法，可以进行改进得到新的利益分配方法。但在进行合同节水利益分配模型求解前，发现影响其分配结果的因素有很多，主要包括项目风险、资源投入和贡献程度等，测算这些风险的方法不甚科学，这就会直接影响合同节水的利益分配结果。

Shapley 值法是博弈论中一种常见的用于解决合作联盟利益分配问题的方法，该方法是一种所得与贡献相等的分配方式，考虑了多方的贡献度，能够较好地解决多方合作博弈的利益分配问题，合同节水管理就属于此种多方博弈模式。同时，Shapley 值法原理合理、客观，考虑到合同节水各方参与度，并且计算公式比较简易、清晰易懂，贡献权重选择客观，模型所需要的数据也容易获得，经过综合权衡，本节将采用 Shapley 值法进行案例分析。

五、案例分析

（一）节水项目概况

随着国内合同节水管理模式的逐渐发展，该节水模式也走入高校校园。河北工程大学作为地区用水大户，在校师生员工 35 000 余人，由于建校时间较长，主校区及中华南校区地下水管网络逐渐老化、破损，水资源浪费较为严重。同时学校用水量比较大，人均用水量远大于国家规定标准，每年用水费用较高，这种情况亟须改善。为了解决学校用水费用高、水资源浪费严重等一系列问题，水利部综合事业局联合北京国泰等单位，选择河北工程大学作为合同节水管理试点，由北京国泰募集社会资本用以节水改造，重点实施用水洁具和地下水管网络改造、用水监管平台建设等举措，逐渐形成了“募集社会资本+集成先进适用节水技术+对目标项目进行节水技术改造+建立长效节水管理机制+分享节水效益”的合同节水商业模式。

在合同节水管理项目的实施过程中，学校采取了节水精细化管理，采取更换节水器具、改造供水管网、加强节水监控、打造节水文化等多项措施。该项目实施前（2012~2014 年），河北工程大学主校区与中华南校区平均用水量为 304 万 m^3，约占地区用水总量的 1/3，年均水费为 1079 万元。节水改造后（2015 年 4 月至 2019 年 6 月），河北工程大学合同节水管理项目共节水 632.3 万 m^3，年均节水率 48.7%，节约水费 2744.2 万元，获得了显著的节水效益。

（二）基于 Shapley 值法的合同节水利益相关者间合作博弈模型案例分析

依据利益相关者理论，在上述合同节水管理项目中，核心利益相关者包括河北工程大学、北京国泰及社会资本投入者。为了描述简洁，本节用字母 H 表示河北工程大学，BG 表示北京国泰，B 表示社会资本投入者即某个基金公司。

基于客观性和数据可得性，选取 Shapley 模型测算 H 合同节水利益分配额。由第四章的案例背景可知，当 H、BG 和 B 三方顺利合作时，每年节水总收益为 400 万元。然而，在三方不合作情况下的节水收益是多少并不清楚。为此，给出如下 4 个假设。

假设 5.4 H 不进行节水改造，则 BG 收益为 0，B 收益为 0。

假设 5.5 H 不与 BG 合作，而自行改造节水设备，引进节水技术，但由于缺乏节水专业知识经验与技术，其节水收益按照总收益的 30%测算。

假设 5.6 BG 未引入 B 的资金，并且自身资金不能够满足实际需要，其利益分配额按总节水收益的 70%计算。

假设 5.7 H 与 B 合作，进行节水改造，获得收益按总节水收益的 50%计算。

在以上 4 个假设的基础上，根据 Shapley 值法计算出了合同节水管理项目中核心利益相关者合作利益分配情况（表 5-2），进而可得 BG、H 与 B 合作收益分配值（表 5-3）。

表 5-2 三方合作利益分配表（单位：万元）

核心利益相关者	H	BG	B	H+BG	H+B	B+GB	H+BG+B
收益分配额	120	0	0	280	200	0	400

表 5-3 北京国泰参与合作利益分配额

S	$V(S)$	$V(S-\text{BG})$	$V(S)-V(S-\text{BG})$	$\|S\|$	$W(\|S\|)$	$W(\|S\|)[V(S)-V(S-\text{BG})]$
BG	0	0	0	1	1/3	0
BG H	$V(\text{BG,H})$	$V(\text{H})$	$V(\text{BG,H})-V(\text{H})$	2	1/6	$[V(\text{BG,H})-V(\text{H})]/6$
BG B	0	0	0	2	1/6	0
BG H B	$V(\text{BG,H,B})$	$V(\text{H,B})$	$V(\text{BG,H,B})-V(\text{H,B})$	3	1/3	$[V(\text{BG,H,B})-V(\text{H,B})]/3$

通过上述两个表的计算结果和 Shapley 值法基本原理，计算出 H 的节水收益分配额 Shapley 值为

$$\begin{aligned}\varphi_{\mathrm{H}} &= \sum_{S\subseteq N} W(|S|)\left[V(S)-V(S-\mathrm{H})\right]\\&= \sum_{S\subseteq N}\frac{(|S|-1)!(|N|-|S|)!}{|N|!}\left[V(S)-V(S-\mathrm{H})\right]\\&= 253.33\text{万元}\end{aligned}$$

同理可得 BG 的节水收益 Shapley 值为

$$\begin{aligned}\varphi_{\mathrm{BG}} &= \sum_{S\subseteq N} W(|S|)\left[V(S)-V(S-\mathrm{BG})\right]\\&= \sum_{S\subseteq N}\frac{(|S|-1)!(|N|-|S|)!}{|N|!}\left[V(S)-V(S-\mathrm{BG})\right]\\&= \left[V(\mathrm{BG,H})-V(\mathrm{H})\right]/6+\left[V(\mathrm{BG,H,B})-V(\mathrm{H,B})\right]/3\\&= 93.33\text{万元}\end{aligned}$$

基金公司 B 的节水收益 Shapley 值为

$$\begin{aligned}\varphi_{\mathrm{B}} &= \sum_{S\subseteq N} W(|S|)\left[V(S)-V(S-\mathrm{B})\right]\\&= \sum_{S\subseteq N}\frac{(|S|-1)!(|N|-|S|)!}{|N|!}\left[V(S)-V(S-\mathrm{B})\right]\\&= 53.33\text{万元}\end{aligned}$$

（三）结果分析

通过 Shapley 值法，计算出合同节水管理中河北工程大学、北京国泰和基金公司三方的利益分配额，其中河北工程大学节水收益分配额最大，其次是北京国泰，最后是基金公司。

在案例中，河北工程大学作为合同用水单位，自身用水量比较大且存在水污染问题，节水意识不足，另外校内很多地下供水管线老化严重，节水空间较大，再加上为合同节水项目提供场地，因此在合同节水项目中利益分配占比要高于其他利益相关者。

北京国泰作为节水服务企业，在合同节水管理项目中，承担了大部分节水成本，如为合同用水单位改造节水设备，引进新节水技术，同时也承担了许多项目风险。因此，北京国泰利益分配额位于第二位也是符合实际的。

基金公司为节水项目提供资金，也面临着一定融资风险，为项目顺利实施做出了贡献，但是基金公司即合同节水资金提供者在项目总投入中占比较小，因此基金公司所获取的收益没有其他利益相关者高。

河北工程大学合同节水项目是一项成功的节水案例，值得更多用水大户学习和借鉴。从案例分析结果可以看出，合同用水单位在合同节水管理项目利益分配中占比最大，收益最大，这就可以吸引更多用水单位的加入，从而可以拓宽节水需求市场和提高公众的节水意识与参与度。另外，在本次合同节水项目中，政府的积极扶持也是该项目取得成功的重要因素。所以，政府应该加大支持节水服务企业推出的节水项目，进一步扶持节水服务企业开拓节水市场，鼓励更多的用水单位参与节水项目改造，出台更多的激励和鼓励合同节水管理发展的政策，鼓励金融机构为合同节水项目提供资金，以满足节水服务企业的融资需求。

合同节水管理具有广阔的应用前景。我国水资源时空分布不均、人多水少、水污染严重的基本国情将在未来一段时间内长期存在，仅靠政府单方面的努力很难达到理想效果。合同节水管理作为一种全新的节水市场模式，可同时调动合同用水单位和节水服务企业节水参与度，使参与方获得一定利益。

第二节　节水效益分享型合同节水管理利益分配模型

第一节简要论述了合同节水领域常用的利益分配模型，本节将基于讨价还价理论，研究节水效益分享型合同节水管理的利益分配问题。讨价还价理论在利益分配问题上应用相对较少，并且在实际问题中先出价者具有明显的先动优势，为分析出价顺序对节水效益分享型合同节水管理利益分配的影响，以双方分别先出价时的均衡出价作为各自的分配额，对比分配额与总的“蛋糕”大小，分情况讨论双方的利益分配问题，进而建立基于讨价还价理论的合同节水管理利益分配模型，得到比较合理的节水利益分配方案。本节详细内容参见文献[29]。

一、问题分析

（一）确定合同节水管理的核心参与方

通常情况下，合同节水管理在实施过程中会涉及多个参与方，如节水服务企业、用水单位、融资机构、政府部门等。鉴于数据的可获得性，本节只考虑节水服务企业和用水单位，前者主要是拥有节水改造技术的公司，后者主要包括学校、医院、酒店、农业生产单位等。

（二）确定合同节水管理利益分配的讨价还价区间

为了在节水利益分配方案上达成一致，节水服务企业和用水单位需对节水效益进行预评估。本节选用净现值来表示合同节水管理项目合同期内的节水效益，即

$$\mathrm{NPV}(T)=\sum_{t=0}^{T}\frac{E(I_t-C_t)}{(1+i_0)^t} \tag{5-1}$$

其中，T 为项目合同期值；$\mathrm{NPV}(T)$ 为项目合同期内净现值；I_t 为第 t 年节水总收益；C_t 为第 t 年总成本，包括节水服务企业成本 C_{st} 和用水单位成本 C_{ct}，S 为节水服务企业，C 为用水单位；$E(I_t-C_t)$ 为第 t 年净现金流量的期望值；i_0 为无风险收益率。

在实际的成本回收过程中，由于合同节水管理项目合同期要经历若干年，且项目存在的风险影响着各时期的净现金流量，现引入风险调整贴现率：

$$k=i_0+b\times\frac{\sigma^*}{E^*} \tag{5-2}$$

其中，b 为风险报酬斜率，取值范围一般为 $[0.1,0.3]$；$\sigma^*=\sqrt{\sum_{t=0}^{T}\left[\frac{\sigma_t}{(1+i_0)^t}\right]^2}$，$E^*=\sum_{t=0}^{T}\frac{E(I_t-C_t)}{(1+i_0)^t}$，$\frac{\sigma^*}{E^*}$ 为综合变化系数，σ_t 为第 t 年净现金流量标准差。

进一步可得考虑风险的合同期内净现值为

$$\mathrm{NPV}(T)=\sum_{t=0}^{T}\frac{E(I_t-C_t)}{(1+k)^t} \tag{5-3}$$

对式（5-3）进行变形，令 $C_t=C_{ct}+C_{st}$，可以得到

$$\sum_{t=0}^{T}\frac{E(I_t)}{(1+k)^t}=\mathrm{NPV}(T)+\sum_{t=0}^{T}\frac{E(C_{ct}+C_{st})}{(1+k)^t} \tag{5-4}$$

由式（5-4）可知，节水项目的收益在满足了总的成本回收后，双方争夺利益的焦点为项目合同期内的净现值 $\mathrm{NPV}(T)$。在节水效益分享型合同节水管理模式下，节水服务企业作为项目的技术服务者、资金提供者、风险承担者，假设节水服务企业总投资额为 I，对节水项目的最低投资回报率为 R，即在收益大于 IR 时，节水服务企业才会考虑合作。因此，节水服务企业和用水单位需对节水效益 $\mathrm{NPV}(T)-IR$ 的分配方案进行谈判，即 $[IR,\mathrm{NPV}(T)]$ 为有效的讨价还价区间。

二、模型的构建

（一）讨价还价模型

Rubinstein[30]于 1982 年建立了无限期的完全信息轮流出价讨价还价模型。1984 年，Shaked 和 Sutton[31]通过“假定无限期博弈从 $t-2$ 时期开始与从 t 时期开始均衡结果完全相同”，给出了基于逆向归纳法的求解方案。

假定参与人A和B的贴现因子分别为δ_1、δ_2，在t（$t \geqslant 3$）时，参与人A以最大份额P_{max}（最小份额P_{min}）出价（图5-2）。

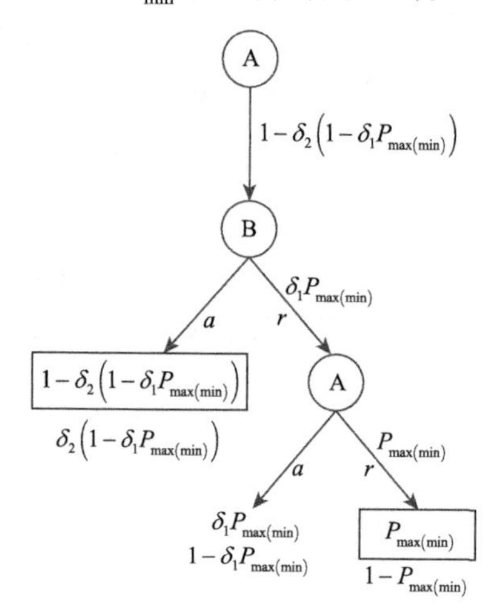

图5-2　三阶段博弈流程

在图5-2中a表示接受对方的出价，r表示拒绝对方的出价。博弈过程中得出A先出价时的均衡解：参与人A的份额$P=\dfrac{1-\delta_2}{1-\delta_1\delta_2}$，参与人B的份额$1-P=\dfrac{\delta_2\left(1-\delta_1\right)}{1-\delta_1\delta_2}$。若令$\delta_1=\delta_2=\delta$，则$P=\dfrac{1}{1+\delta}$，$1-P=\dfrac{\delta}{1+\delta}$。由此可见：参与人A存在明显的先动优势，在实际应用中需考虑消除出价顺序对均衡结果的影响。

（二）模型的假设与基本要素

1. 模型的假设

（1）理性经济人假设。假定讨价还价的参与人是理性的经济人，以追求自身利益最大化为决策目标。

（2）完全信息假设。假定讨价还价双方知道彼此的支付函数及策略空间，用水单位和节水服务企业共享项目信息，用水单位需告知节水服务企业项目的实际用水情况，节水服务企业也应向用水单位提供技术详情。

2. 模型的基本要素

（1）参与人、合同节水管理的核心参与方，这里指节水服务企业和用水单位。

（2）讨价还价赢得是指参加博弈的各参与方从讨价还价中所获得的利益。这里用参与者得到的节水利益分配额来衡量讨价还价赢得。

（3）贴现因子δ_i（$0<\delta_i<1$）是指讨价还价过程中的一种隐性成本，

参与人 i 的贴现因子通常与银行利率、通货膨胀率、参与人 i 的耐心程度、外部环境等有关。

（4）固定成本 f_i 是指参与人 i 进行讨价还价时的相关谈判成本，包括谈判场地费、人员差旅费、资料打印费等。

（5）消耗因子 φ_i（$\varphi_i > 1$）是指在差额分摊博弈过程中，因谈判的进行而消耗的成本，谈判进行的时间越长、轮次越多，参与人 i 承担的费用也就越大。

（三）博弈模型的构建

为解决出价顺序对均衡结果的影响，本节分别对用水单位先出价和节水服务企业先出价的博弈进行讨论，并依次求得均衡出价结果，以此作为各自的初始分配额。

在用水单位和节水服务企业的博弈过程中，为避免再次出价带来的固定成本和贴现成本，一方在出价时需综合考虑双方的利益合理出价。在利益分配博弈过程中，假设用水单位和节水服务企业的贴现因子分别为 δ_c 和 δ_s，出一次价的固定成本分别为 f_c 和 f_s，且出价策略以各自所得利益分配额来衡量。下面分情况讨论了利益分配方案。

1. 用水单位先出价的博弈

对于节水利益的分配博弈，假设用水单位首次出价时的策略区间为 $\left[P_{\min}^{c_1}, P_{\max}^{c_1}\right]$，节水服务企业在选择拒绝时的还价策略区间为 $\left[P_{\min}^{s_2}, P_{\max}^{s_2}\right]$。

定理 5.1　在节水利益分配博弈中，用水单位先出价时的均衡出价结果为

$$P_c^1 = \frac{(1-\delta_s)\left[\mathrm{NPV}(T) - IR\right] - 2\delta_s\delta_c f_c + \delta_s f_s}{1-\delta_s\delta_c} \tag{5-5}$$

证明　在本节假设条件下，若节水服务企业选择还价，节水服务企业的最小赢得为 $\delta_s\left(P_{\min}^{s_2} - f_s\right)$，最大赢得为 $\delta_s\left(P_{\max}^{s_2} - f_s\right)$。用水单位为避免节水服务企业的还价，首次出价时给予节水服务企业的利益区间为 $\left[\delta_s\left(P_{\min}^{s_2} - f_s\right), \delta_s\left(P_{\max}^{s_2} - f_s\right)\right]$，在该出价策略下，用水单位的最大赢得为 $\left[\mathrm{NPV}(T) - IR\right] - \delta_s\left(P_{\min}^{s_2} - f_s\right)$，最小赢得为 $\left[\mathrm{NPV}(T) - IR\right] - \delta_s\left(P_{\max}^{s_2} - f_s\right)$。由前面的假设可知，用水单位期望在首轮出价策略中的最大赢得为 $P_{\max}^{c_1}$，最小赢得为 $P_{\min}^{c_1}$，可得如下不等式：

$$P_{\max}^{c_1} \leqslant \left[\mathrm{NPV}(T) - IR\right] - \delta_s\left(P_{\min}^{s_2} - f_s\right) \tag{5-6}$$

$$P_{\min}^{c_1} \leqslant \left[\mathrm{NPV}(T) - IR\right] - \delta_s\left(P_{\max}^{s_2} - f_s\right) \tag{5-7}$$

节水服务企业进行还价时，也需要考虑到用水单位有可能拒绝并再次出价。若用水单位再次出价，用水单位需要承担两次讨价还价的固定成本 f_c 及贴现因子 δ_c。此时用水单位的最小赢得为 $\delta_c\left(P_{\min}^{c_1}-2f_c\right)$，最大赢得为 $\delta_c\left(P_{\max}^{c_1}-2f_c\right)$。为了尽可能地避免用水单位的再次出价，节水服务企业还价时给予用水单位的利益区间应为 $\left[\delta_c\left(P_{\min}^{c_1}-2f_c\right),\delta_c\left(P_{\max}^{c_1}-2f_c\right)\right]$。该出价策略下，节水服务企业最大赢得为 $\left[\mathrm{NPV}(T)-IR\right]-\delta_c\left(P_{\min}^{c_1}-2f_c\right)$，最小赢得为 $\left[\mathrm{NPV}(T)-IR\right]-\delta_c\left(P_{\min}^{c_1}-2f_c\right)$。由前面的假设可知，节水服务企业期望的最大赢得为 $P_{\max}^{s_2}$，最小赢得为 $P_{\min}^{s_2}$，可得如下不等式：

$$P_{\max}^{s_2}\leqslant\left[\mathrm{NPV}(T)-IR\right]-\delta_c\left(P_{\min}^{c_1}-2f_c\right) \tag{5-8}$$

$$P_{\min}^{s_2}\leqslant\left[\mathrm{NPV}(T)-IR\right]-\delta_c\left(P_{\max}^{c_1}-2f_c\right) \tag{5-9}$$

将式（5-8）代入式（5-7）可得

$$P_{\min}^{c_1}\geqslant\frac{(1-\delta_s)\left[\mathrm{NPV}(T)-IR\right]-2\delta_s\delta_c f_c+\delta_s f_s}{1-\delta_s\delta_c} \tag{5-10}$$

将式（5-9）代入式（5-6）可得

$$P_{\max}^{c_1}\leqslant\frac{(1-\delta_s)\left[\mathrm{NPV}(T)-IR\right]-2\delta_s\delta_c f_c+\delta_s f_s}{1-\delta_s\delta_c} \tag{5-11}$$

由式（5-10）、式（5-11）可知 $P_{\min}^{c_1}=P_{\max}^{c_1}$，且用水单位先出价时的均衡价格如式（5-5）所示，证毕。

2. 节水服务企业先出价的博弈

假设节水服务企业首次出价时的策略区间为 $\left[P_{\min}^{s_1},P_{\max}^{s_1}\right]$，用水单位在选择拒绝时的还价策略区间为 $\left[P_{\min}^{c_2},P_{\max}^{c_2}\right]$。

定理 5.2 在节水利益分配博弈中，节水服务企业先出价时的均衡出价为

$$P_s^1=\frac{(1-\delta_c)\left[\mathrm{NPV}(T)-IR\right]-2\delta_s\delta_c f_s+\delta_c f_c}{1-\delta_s\delta_c} \tag{5-12}$$

证明 类比定理 5.1 分析可得证。

3. 结果分析

利益分配博弈中双方的均衡出价结果为

$$P_i^1=\frac{(1-\delta_j)\left[\mathrm{NPV}(T)-IR\right]-2\delta_i\delta_j f_i+\delta_j f_j}{1-\delta_i\delta_j}$$

其中，$i=\mathrm{c,s}$；$j=\mathrm{c,s}$；$i\neq j$。由此可以看出影响均衡结果的因素包括贴

现因子、固定成本。此外，当$\mathrm{NPV}(T)-IR$较小时，若$\dfrac{f_j}{2f_i}>\delta_i$，会增强参与者$i$的先动优势。反之，若$\dfrac{f_j}{2f_i}<\delta_i$，则会抑制。当$\mathrm{NPV}(T)-IR$较大时，先动优势受影响较小。由上述用水单位和节水服务企业分别先出价的均衡结果作为各自的初始分配额，可得出以下三种情形。

（1）当$P_s^1+P_c^1<\mathrm{NPV}(T)-IR$时，双方需要按照上述方式重复博弈，原来的利益分配额$\mathrm{NPV}(T)-IR$减小了$P_c^1+P_s^1$，讨价还价区间变为$\left[IR+P_s^1,\ \mathrm{NPV}(T)-P_c^1\right]$。随着博弈的重复进行，双方的贴现因子也会随之减小。

此外，即使进行重复博弈，达到一个完美的收敛点也是困难的，现令ξ为博弈双方可接受的精度水平，当剩余利益分配额d_n满足$\dfrac{d_n}{\mathrm{NPV}(T)-IR}\leqslant\xi$时，双方得到的利益分配额为

$$
\begin{aligned}
&P_c=\sum_{i=1}^{n}P_c^i+\alpha d_n\\
&P_s=\sum_{i=1}^{n}P_s^i+(1-\alpha)d_n\\
&d_n=\left[\mathrm{NPV}(T)-IR\right]-\left(\sum_{i=1}^{n}P_c^i+\sum_{i=1}^{n}P_s^i\right)
\end{aligned}
\tag{5-13}
$$

其中，n为重复博弈的次数；d_n为n次博弈后的剩余利益分配额；α为满足精度要求时用水单位得到分配额d_n的比例。

（2）当$P_s^1+P_c^1=\mathrm{NPV}(T)-IR$时，用水单位与节水服务企业均可得到理想$d_n$的利益分配额，分别为

$$
\begin{cases}P_c=P_c^1\\P_s=P_s^1\end{cases}
\tag{5-14}
$$

（3）当$P_s^1+P_c^1>\mathrm{NPV}(T)-IR$时，双方期望得到的分配额之和超出总的节水利益分配额，为了达成合作，双方需做出让步。令$d_0^*=P_s^1+P_c^1-\left[\mathrm{NPV}(T)-IR\right]$，双方需对差额$d_0^*$进行差额分摊博弈，下一节中将对差额分摊博弈进行分析。

（四）差额分摊博弈模型的构建

同样地，为解决出价顺序对均衡结果的影响，以双方分别先出价时的均衡出价作为各自的初摊额，并在下节分析讨论差额分摊方案。

在差额分摊博弈过程中，假设用水单位和节水服务企业的消耗因子分

别为 φ_c 和 φ_s，出一次价的固定成本分别为 f_c 和 f_s，且出价策略以各自承担的分摊额衡量。

1. 用水单位先出价的差额分摊博弈

在差额分摊博弈中，假设用水单位首次出价的策略区间为 $\left[P_{\min}^{c_1^*}, P_{\max}^{c_1^*}\right]$，节水服务企业选择拒绝时的还价策略区间为 $\left[P_{\min}^{s_2^*}, P_{\max}^{s_2^*}\right]$。

定理 5.3 在差额分推博弈中，用水单位先出价时的均衡出价为

$$P_c^* = \frac{(1-\varphi_s)d_0^* + 2\varphi_s\varphi_c f_c - \varphi_s f_s}{1-\varphi_s\varphi_c} \tag{5-15}$$

证明 在上述假设条件下，若节水服务企业选择还价，节水服务企业的最小分摊为 $\varphi_s\left(P_{\min}^{s_2^*}+f_s\right)$，最大分摊为 $\varphi_s\left(P_{\max}^{s_2^*}+f_s\right)$。用水单位为避免节水服务企业的还价，首次出价时给予节水服务企业的分摊区间应为 $\left[\varphi_s\left(P_{\min}^{s_2^*}+f_s\right), \varphi_s\left(P_{\max}^{s_2^*}+f_s\right)\right]$。在该出价策略下，用水单位的最大分摊额为 $d_0^* - \varphi_s\left(P_{\min}^{s_2^*}+f_s\right)$，最小分摊额 $d_0^* - \varphi_s\left(P_{\max}^{s_2^*}+f_s\right)$。由前面的假设可知，用水单位期望在首轮出价策略中得到的最大分摊为 $P_{\max}^{c_1^*}$，最小分摊为 $P_{\min}^{c_1^*}$，则可得如下不等式：

$$P_{\max}^{c_1^*} \leqslant d_0^* - \varphi_s\left(P_{\min}^{s_2^*}+f_s\right) \tag{5-16}$$

$$P_{\min}^{c_1^*} \geqslant d_0^* - \varphi_s\left(P_{\max}^{s_2^*}+f_s\right) \tag{5-17}$$

节水服务企业进行还价时，也需考虑到用水单位有可能予以拒绝并再次出价。若用水单位再次出价，用水单位需承担两次讨价还价的固定成本 f_c 及消耗因子 φ_c，此时用水单位的最小分摊为 $\varphi_c\left(P_{\min}^{c_1^*}+2f_c\right)$，最大分摊为 $\varphi_c\left(P_{\max}^{c_1^*}+2f_c\right)$。为了尽可能地避免用水单位的再次出价，节水服务企业进行还价时给予用水单位的分摊区间应为 $\left[\varphi_c\left(P_{\min}^{c_1^*}+2f_c\right),\varphi_c\left(P_{\max}^{c_1^*}+2f_c\right)\right]$。在该出价策略下，节水服务企业的最大分摊为 $d_0^* - \varphi_c\left(P_{\min}^{c_1^*}+2f_c\right)$，最小分摊为 $d_0^* - \varphi_c\left(P_{\max}^{c_1^*}+2f_c\right)$。由前面的假设可知，节水服务企业期望的最大分摊为 $P_{\max}^{s_2^*}$，最小分摊为 $P_{\min}^{s_2^*}$，可得如下不等式：

$$P_{\max}^{s_2^*} \leqslant d_0^* - \varphi_c\left(P_{\min}^{c_1^*}+2f_c\right) \tag{5-18}$$

$$P_{\min}^{s_2^*} \geqslant d_0^* - \varphi_c\left(P_{\max}^{c_1^*}+2f_c\right) \tag{5-19}$$

将式（5-18）代入式（5-17），可得

$$P_{\min}^{c_1^*} \geqslant \frac{(1-\varphi_s)d_0^* + 2\varphi_s\varphi_c f_c - \varphi_s f_s}{1-\varphi_s\varphi_c} \tag{5-20}$$

将式（5-19）代入式（5-16），可得

$$P_{\max}^{c_1^*} \leqslant \frac{(1-\varphi_s)d_0^* + 2\varphi_s\varphi_c f_c - \varphi_s f_s}{1-\varphi_s\varphi_c} \tag{5-21}$$

由式（5-20）和式（5-21）可知 $P_{\min}^{c_1^*} = P_{\max}^{c_1^*}$，且用水单位先出价时的均衡出价如式（5-15）所示，证毕。

2. 节水服务企业先出价时的差额分摊博弈

在差额分摊博弈中，节水服务企业首次出价的策略区间为 $\left[P_{\min}^{s_1^*}, P_{\max}^{s_1^*}\right]$，用水单位选择拒绝时的还价策略区间为 $\left[P_{\min}^{c_2^*}, P_{\max}^{c_2^*}\right]$。

定理 5.4　在差额分摊博弈中，节水服务企业先出价时的均衡出价为

$$P_s^{1^*} = \frac{(1-\varphi_c)d_0^* + 2\varphi_c\varphi_s f_s - \varphi_c f_c}{1-\varphi_c\varphi_s} \tag{5-22}$$

证明　类比定理 5.3 分析可得证。

3. 结果分析

差额分摊博弈中双方的均衡出价结果为 $P_i^{1^*} = \dfrac{(1-\varphi_j)d_0^* + 2\varphi_j\varphi_i f_i - \varphi_j f_j}{1-\varphi_j\varphi_i}$。其中，$i = c,s$；$j = c,s$；$i \neq j$。由此可知，影响双方均衡出价结果的因素包括消耗因子、固定成本。由于此时先动优势为少分摊差额，且 $\dfrac{2\varphi_j\varphi_i f_i - \varphi_j f_j}{1-\varphi_j\varphi_i} < 0$，又因为博弈双方为理性经济人，故博弈结果可在重复博弈中逐渐收敛。同样地，达到完美均衡点需要重复多次进行差额分摊博弈，为简便计算，假设当剩余差额 d_n^* 满足 $\dfrac{d_n^*}{\mathrm{NPV}(T) - IR} \leqslant \xi$ 时，双方能达成合作。此时双方的利益分配额为

$$\begin{cases} P_c = P_c^1 - \sum\limits_{i-1}^{n} P_c^{i^*} - \tau d_n^* \\ P_s = P_s^1 - \sum\limits_{i=1}^{n} P_s^{i^*} - (1-\tau) d_n^* \\ d_n^* = d_0^* - \left(\sum\limits_{i=1}^{n} P_c^{i^*} + \sum\limits_{i=1}^{n} P_s^{i^*} \right) \end{cases} \tag{5-23}$$

其中，n 为重复博弈的次数；d_n^* 为 n 次分摊博弈后的剩余差额；τ 为满足

精度要求时用水单位分摊 d_n^* 的比例。

综上所述，在解决利益分配问题过程中，若 $P_s^1 + P_c^1 \leqslant \text{NPV}(T) - IR$，分配方案可在利益分配博弈中达到收敛。若 $P_s^1 + P_c^1 > \text{NPV}(T) - IR$，首先由利益分配博弈确定初始分配额及差额，其次结合差额分摊博弈确定最终分配方案。

三、算例

2015 年，河北工程大学和北京国泰实施了全国首个高校合同节水管理试点项目，合同期为 6 年，北京国泰初始投资为 I=958 万元，合同期内项目年运营费用约为 70 万元/年。该项目对北京国泰的最低投资回报率 $R = 25\%$，取无风险贴现率 $r = 3\%$，风险报酬斜率 $b = 0.1$，北京国泰和河北工程大学的贴现因子 $\delta_c = \delta_s = 0.96$，消耗因子 $\varphi_c = \varphi_s = 1.08$，再次博弈的消耗因子 $\varphi_c' = \varphi_s' = 1.14$，博弈双方每次出价的固定成本 $f_c = f_s = 0.3$ 万元，双方可接受的精度因子 $\xi = 0.2\%$。河北工程大学合同节水管理项目节水情况统计见表 5-4，当期水费以 39 元/m^3 计取，结合试运营情况，该项目合同期内净现金流量测算见表 5-5。

表 5-4　河北工程大学合同节水管理项目节水情况统计表

月份	2015 年用水量/m^3	2014 年用水量/m^3	节水量/m^3	节水率
4 月	163 464	279 632	116 168	41.5%
5 月	131 174	227 253	96 079	42.3%
6 月	157 035	272 045	115 010	42.3%
7 月	137 605	258 434	120 829	46.8%
8 月	71 908	172 980	101 072	58.4%
9 月	114 016	254 918	140 902	55.3%
10 月	122 992	275 885	152 893	55.4%
11 月	159 142	298 327	139 185	46.7%
累计	1 057 336	2 039 474	982 138	48.2%

表 5-5　合同期内净现金流量测算表

第 t 年	净现金流量/万元	概率 P
0	958	1.00
1	460	0.20
	500	0.60
	540	0.20
	470	0.30

续表

第 t 年	净现金流量/万元	概率 P
2	500	0.40
	530	0.30
	490	0.20
3	530	0.60
	570	0.20
	500	0.30
4	530	0.40
	560	0.30
	520	0.25
5	560	0.50
	600	0.25
	530	0.30
6	560	0.40
	590	0.30

由上述信息可知：该项目的综合变化系数 $\frac{\sigma^*}{E^*}=0.02$ ，风险调整贴现率 $k=3.19\%$ ，该项目合同期内的净现值 $\mathrm{NPV}(T)=\sum_{t=0}^{6}\frac{E(I_t-C_t)}{(1+k)^t}=1888.19$ 万元，则双方讨价还价的利益分配额 $\mathrm{NPV}(T)-IR=1888.19-239.50$ $=1648.69$ 万元。

（一）节水利益分配博弈

河北工程大学先出价的均衡价格为

$$P_{\mathrm{c}}^1=\frac{(1-\delta_{\mathrm{s}})\left[\mathrm{NPV}(T)-IR\right]-2\delta_{\mathrm{s}}\delta_{\mathrm{c}}f_{\mathrm{c}}+\delta_{\mathrm{s}}f_{\mathrm{s}}}{1-\delta_{\mathrm{s}}\delta_{\mathrm{c}}}=837.79\text{ 万元}$$

北京国泰先出价的均衡价格为

$$P_{\mathrm{s}}^1=\frac{(1-\delta_{\mathrm{c}})\left[\mathrm{NPV}(T)-IR\right]-2\delta_{\mathrm{s}}\delta_{\mathrm{c}}f_{\mathrm{s}}+\delta_{\mathrm{c}}f_{\mathrm{c}}}{1-\delta_{\mathrm{s}}\delta_{\mathrm{c}}}=837.79\text{ 万元}$$

此时， $P_{\mathrm{s}}^1+P_{\mathrm{c}}^1>\mathrm{NPV}(T)-IR$ ，差额 $d_0^*=P_{\mathrm{s}}^1+P_{\mathrm{c}}^1-\left[\mathrm{NPV}(T)-IR\right]=$ 26.89 万元。

（二）差额分摊博弈

河北工程大学先出价的均衡价格为

$$P_{\mathrm{c}}^{1^*}=\frac{(1-\varphi_{\mathrm{s}})d_0^*+2\varphi_{\mathrm{s}}\varphi_{\mathrm{c}}f_{\mathrm{c}}-\varphi_{\mathrm{s}}f_{\mathrm{s}}}{1-\varphi_{\mathrm{s}}\varphi_{\mathrm{c}}}=10.67\text{万元}$$

北京国泰先出价的均衡价格为

$$P_{\mathrm{s}}^{1^*}=\frac{(1-\varphi_{\mathrm{c}})d_0^*+2\varphi_{\mathrm{c}}\varphi_{\mathrm{s}}f_{\mathrm{s}}-\varphi_{\mathrm{c}}f_{\mathrm{c}}}{1-\varphi_{\mathrm{c}}\varphi_{\mathrm{s}}}=10.67\text{万元}$$

经过一次分摊博弈后的差额为 $d_1^*=d_0^*-P_{\mathrm{s}}^{1^*}-P_{\mathrm{c}}^{1^*}=5.55$ 万元。此时

$$\frac{d_1^*}{\mathrm{NPV}(T)-IR}=0.34\%>\xi=0.20\%$$

需重复进行差额分摊博弈。

第二次分摊博弈后的差额为 $P_{\mathrm{c}}^{2^*}=P_{\mathrm{s}}^{2^*}=1.13$ 万元，此时 $d_2^*=3.29$ 万元，且 $\dfrac{d_2^*}{\mathrm{NPV}(T)-IR}=0.20\%\leqslant\xi=0.20\%$，满足要求。

综上，河北工程大学的利益分配额为

$$P_{\mathrm{c}}=P_{\mathrm{c}}^1-\sum_{i=1}^{2}P_{\mathrm{c}}^{i^*}-\tau d_n^*=825.99-3.29\tau\text{万元}$$

北京国泰的利益分配额为

$$P_{\mathrm{s}}+IR=P_{\mathrm{s}}^1-\sum_{i=1}^{n}P_{\mathrm{s}}^{i^*}-(1-\tau)d_n^*+IR=1065.49-3.29(1-\tau)\text{万元}$$

由上述过程可知，所建讨价还价模型中有两类成本，一类是固定成本，参与人每次出价都要承担相关的谈判费用。另一类是隐形成本，在利益分配博弈中表现为贴现因子，在差额分摊博弈中表现为消耗因子。相比于隐形成本，固定成本数额相对较小且对双方都是明确的，故对均衡结果的影响程度较小。贴现因子及消耗因子对整个博弈过程影响显著，且均受时间成本、机会成本、外界因素等的影响，而这些因素是时刻变化的，因此，在讨价还价过程中，两类因子的大小也随之变化。

图 5-3 反映了利益分配博弈中参与人 i 的初始分配额 P_i^1 受 δ_i、δ_j 的影响：P_i^1 随 δ_i 增大而增大，随 δ_j 增大而减小。特别地，当 δ_j 趋于 0 时，参与人 i 的分配额为全部收益。图 5-4 反映了差额分摊博弈中参与人 i 的初始分摊额 $P_i^{1^*}$ 受 φ_i、φ_j 影响：$P_i^{1^*}$ 随 φ_j 增大而增大，随 φ_i 增大而减小。由上述可知，讨价还价中的两类因子会影响局中人的讨价还价进程及最终的利益分配额。

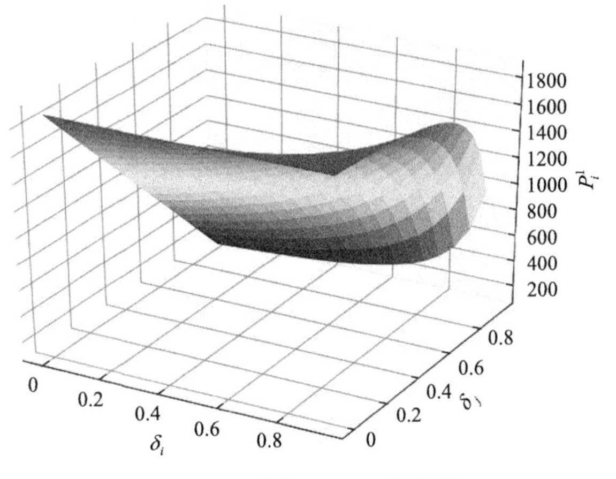

图 5-3　P_i^1 与 δ_i、δ_j 的关系

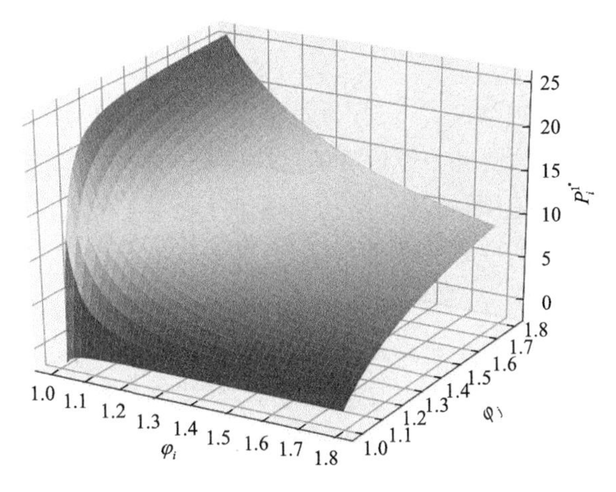

图 5-4　$P_i^{1^*}$ 与 φ_i、φ_j 的关系

合同节水管理作为一种新型的节水模式，对于推进我国节水型社会建设具有重要意义。节水效益分享型合同节水管理模式在我国应用广泛，具有良好的发展前景，然而该模式下的利益分配问题已成为制约该模式推广实施的一个主要障碍，合理的利益分配机制有助于效益分享型合同节水管理模式的稳固发展。

相比于收益与风险对等原则及动态联盟利益分配理论，本节将用水单位和节水服务企业之间的节水效益分配问题看作一个讨价还价过程。通过对节水项目的效益进行评估，在满足双方的成本回收及基本投资回报后，确定了合同节水管理中双方讨价还价的“蛋糕”大小。之后基于克服先动优势的讨价还价模型，结合利益分配博弈和差额分摊博弈，综合分析了节水效益分享型合同节水管理的利益分配问题，得到了趋于合理的节水利益分配方案。分配方案表明：一方面，参与者的利益分配额与固定成本、贴现因子、消耗因子等密切相关；另一方面，节水服务企业作为效益分享型合同节水管理的技术服务者、资金提供者及风险承担者享有较多的节水利益。

第三节　固定投资回报型合同节水管理利益分配模型

上一节研究了节水效益分享型的合同节水管理利益分配模型，本节将基于契约理论的重要分支——委托代理理论，构建固定投资回报型的合同节水管理利益分配模型，结合算例对模型进行说明分析。本节详细内容见文献[32]。

一、问题分析及模型假设

在固定投资回报型模式下，用水单位与节水服务企业事先约定投资成本与节水效果，节水服务企业负责项目的融资、改造、运营与维护，产生的节水收益优先偿还项目投资，剩余部分双方分享，从而保证节水服务企业能够收回前期投资成本并获得收益，适用于节水效益存在较大不确定性的项目[33]。

假定用水单位与节水服务企业事先约定改造成本 C_f 与节水量 Q_0，节水服务企业负责项目的融资、改造、运营、维护，合同到期后，节水设备的所有权归用水单位所有，用水单位负责项目的运营维护，直至节水设施不满足经济合理性。对应的实施流程如图 5-5 所示。

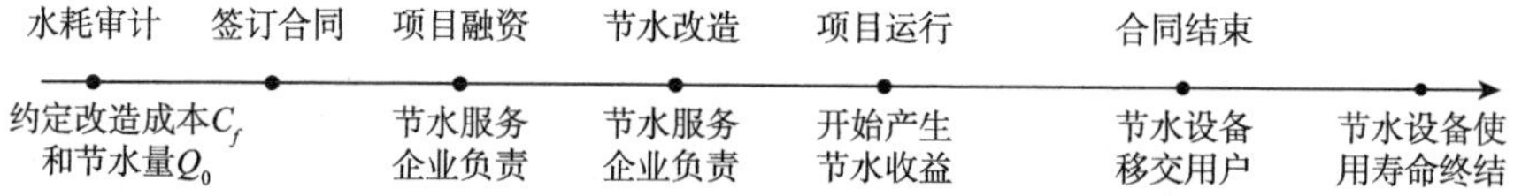

水耗审计　签订合同　项目融资　节水改造　项目运行　合同结束

约定改造成本 C_f 和节水量 Q_0　节水服务企业负责　节水服务企业负责　开始产生节水收益　节水设备移交用户　节水设备使用寿命终结

图 5-5　固定投资回报型合同节水管理项目实施流程

合同期内，产生的节水收益优先偿还项目投资，剩余部分用水单位根据节水改造成本和节水量对节水服务企业进行奖励。合同期满后，用水单位独享全部节水收益。合同节水管理产生的节水收益与改造期花费的改造成本和运营期产生的节水量密切相关，因此选取改造成本和节水量作为激励因素。在激励节水服务企业的同时，用户有必要额外支付节水服务企业固定酬金，提高其参与积极性。合同节水管理中存在专门的检测机构对改造成本和节水量进行确认，这两个指标对于双方来说是对称信息。然而节水服务企业为了降低改造成本、增加节水量所付出的努力程度用水单位无法观测，属于节水服务企业的私人信息，这就形成了双方之间的非对称信息，节水服务企业具有信息优势。因此，如何激励节水服务企业努力工作以增加节水收益是需要解决的关键问题。

在委托代理框架下研究用水单位与节水服务企业的收益分配机制，其中，用水单位为委托人，节水服务企业为代理人，基本假设如下。

假设 5.8　用水单位和节水服务企业均为理性的经济人，在整个合同节水管理过程中双方均会采取使得自身期望效用最大化的行为。

假设 5.9　节水服务企业降低成本、增加节水量需要付出代价，对应的努力代价可货币化为努力成本 $C\left(a_c,a_q\right)$。

改造期的努力程度不影响运营期的努力程度，因此两阶段的努力成本相互独立[34]，有

$$C\left(a_c,a_q\right)=\frac{1}{2}ma_c^2+\frac{1}{2}na_q^2 \tag{5-24}$$

其中，$m>0$ 和 $n>0$ 分别为节水服务企业在项目改造成本和节水量上的努力成本系数；$a_c\geqslant 0$ 和 $a_q\geqslant 0$ 分别为节水服务企业降低改造成本和增加节水量付出的额外努力水平，并且节水服务企业花费的额外努力成本由自己负担，显然 $C\left(a_c,a_q\right)$ 是严格递增的凸函数。

假设 5.10　固定投资回报型合同节水管理中，节水服务企业负责融资，用水单位的投入几乎为零，且当下节水服务企业为中小型企业，融资困难，假设用水单位风险为中性，节水服务企业风险规避。采用负指数函数[35]衡量节水服务企业的效用：

$$U\left(w_2\right)=-\mathrm{e}^{-\rho w_2},\ \rho=\frac{U'\left(w_2\right)}{U''\left(w_2\right)}$$

其中，$\rho>0$ 为节水服务企业的 Anrrow-Praat 绝对风险规避系数[36, 37]；w_2 为节水服务企业的净收入。该效用函数表明，节水服务企业的效用值是其净收入的指数增函数。当节水服务企业获得的净收入增加时，对应的效用值增大，此时节水服务企业对分配结果的满意度增加。此外，节水服务企业的风险规避程度是固定的，不会随净收入的变化而改变。

假设 5.11　为了提高节水服务企业的参与积极性，固定投资回报模式只对其进行激励而不设置惩罚措施。因此假定，在正常状态下，节水服务企业无须额外努力即能满足事先约定的改造成本 C_f 与节水量目标 Q_0。

二、合同节水管理收益分配模型

在固定投资回报模式下用水单位与节水服务企业之间的收益分配属于最优机制设计问题。首先，考虑改造成本和节水量，设计用户对节水服务企业的支付函数，建立信息非对称情况下的最优激励模型；其次，采用逆推法对模型进行求解，确定最优分享比例；最后，探讨各影响因素对用户与节水服务企业最优策略的影响。

（一）模型构建

Holmstrom[38]证明了线性合同能够保证参与者收益的最优性。因此，在选取改造成本和节水量作为激励因素的基础上，设计如下用户对节水服务企业的线性支付函数：

$$S = C + f_1 + \beta_1\left(C_f - C\right) + \beta_2 P\left(Q - Q_0\right) \tag{5-25}$$

其中，C 为合同节水管理项目的改造成本；f_1 为节水服务企业的固定酬金，这里假设用户选择提交利润费最低（记为 f_1 ）的节水服务企业作为中标商；C_f 为合同节水管理项目事先约定的改造成本；Q 为合同期内产生的节水量；Q_0 为双方事先约定的节水量；P 为水资源价格；β_1 与 β_2 分别为节水服务企业的改造成本分享比例和节水量分享比例，且 $0 \leqslant \beta_1$ ，$\beta_2 \leqslant 1$ 。

根据假设 5.11 有 $C_f - C \geqslant 0$ ，$Q - Q_0 \geqslant 0$ 即不存在对节水服务企业的惩罚。式（5-25）表明合同节水管理产生的节水收益优先支付改造成本和固定酬金，保证了节水服务企业能够收回前期投资并获得一定收益。节水服务企业的收益由三个部分组成：固定酬金、降低改造成本的奖励和增加节水量的奖励。

根据 McAfee 和 McMillan[39]对项目成本的定义可知，项目成本由项目预算、代理人努力程度和外界不确定因素共同决定。因此，合同节水管理项目的改造成本为

$$C = C_f - a_c + \varepsilon_c$$

其中，随机变量 ε_c 为自然与经济条件给改造成本带来的不确定性，且 $\varepsilon_c \sim N\left(0, \sigma_c^2\right)$ 。

项目的产出受到投资规模、代理人综合能力、努力水平和外界不确定性的影响[40]，构造节水量的产出函数：

$$Q = Q_0 + \sqrt{C_f}\left(\lambda a_q + \varepsilon_q\right)$$

其中，$\lambda > 0$ 为节水服务企业的综合能力，主要包括融资能力、节水技术水平、管理者能力、人力资源配备等；ε_q 为外界环境给节水量带来的不

确定性，且 $\varepsilon_q \sim N\left(0,\sigma_q^2\right)$。改造成本的不确定性 ε_c 与节水量的不确定性 ε_q 相互独立。

节水量的期望值为 $E[Q]=\sqrt{C_f}\lambda a_q$。由于 $\dfrac{\partial E[Q]}{\partial C_f}\geqslant 0$，$\dfrac{\partial^2 E[Q]}{\partial C_f^2}\leqslant 0$，因此投资规模越大产生的节水量越多，且节水量关于投资规模边际递减；$\dfrac{\partial E[Q]}{\partial \lambda}\geqslant 0$，$\dfrac{\partial E[Q]}{\partial a_q}\geqslant 0$ 表明节水服务企业综合能力越强，对增加节水量所做的努力越大，产生的节水量越多。

由于合同节水管理项目存在独立第三方检测机构，改造成本 C 和节水量 Q 是式（5-25）提到的用户“可以观测到的信息”，而努力程度 a_c 和 a_q 属于用水单位无法观测的节水服务企业的私人信息。此外，改造成本 C 和节水量 Q 还与外生随机因素相关，用水单位无法判断产生 C 与 Q 的原因是节水服务企业的努力还是随机干扰项的影响。

作为理性人，用水单位与节水服务企业的目标都是使得自身的期望效用最大化。记 w_1 为用户的随机净收益，其等于节水收益与用水单位对节水服务企业支付的差额，即

$$w_1 = PQ - S = \left(1-\beta_1\right)\left(a_c-\varepsilon_c\right)+\left(1-\beta_2\right)P\sqrt{C_f}\left(\lambda a_q+\varepsilon_q\right)+PQ_0-C_f-f_1$$

由假设 5.10 可知，用水单位的期望效用等于期望净收益。用户的期望效用 $E[V]$ 为

$$E[V]=\left(1-\beta_1\right)a_c+\left(1-\beta_2\right)P\sqrt{C_f}\lambda a_q+PQ_0-C_f-f_1$$

其中，w_2 为节水服务企业的随机净收益，其不仅包括从用水单位处获得的收益 $S-C$，还包括不计入改造成本的努力负效用 $C\left(a_c,a_q\right)$，即 $w_2=S-C-C\left(a_c,a_q\right)$。根据式（5-24）和式（5-25），有

$$w_2=\beta_1\left(a_c-\varepsilon_c\right)+\beta_2 P\sqrt{C_f}\lambda\left(a_q+\varepsilon_q\right)-\frac{1}{2}\left(ma_c^2+na_q^2\right)+f_1$$

节水服务企业的期望效用 $E[U]$ 为

$$E[U]=-\mathrm{e}^{-\rho\left(\beta_1 a_c+\beta_2 P\sqrt{C_f}\lambda a_q-C\left(a_c,a_q\right)+f_1\right)}\int_{-\infty}^{+\infty}\int_{-\infty}^{+\infty}\mathrm{e}^{\rho\beta_1 x-\rho\beta_2 P\sqrt{C_f}\lambda y}f_c(x)f_q(y)\mathrm{d}x\mathrm{d}y$$

其中，$f_c(x)$ 为 ε_c 的概率密度函数；$f_q(y)$ 为 ε_q 的概率密度函数。

在假设 5.10 的条件下，最大化节水服务企业的期望效用等价于最大化其确定性等价收益[41-43]。根据确定性等价原则，节水服务企业的确定性等价收益 w_2' 为

$$w_2' = E[w_2] - \frac{1}{2}\rho D[w_2]$$

$$= \beta_1 a_c + \beta_2 P\sqrt{C_f}\lambda a_q - \frac{1}{2}(ma_c^2 + na_q^2) + f_1 - \frac{1}{2}\rho(\beta_1^2\sigma_c^2 + \beta_2^2 P^2 C_f \sigma_q^2)$$

其中，$\frac{1}{2}\rho(\beta_1^2\sigma_c^2 + \beta_2^2 P^2 C_f \sigma_q^2)$为节水服务企业的风险溢价，表示由节水服务企业规避风险获得的补偿。

基于上述分析，建立用水单位与节水服务企业的委托代理模型。首先，考虑用水单位。用水单位面临的问题就是决策分享比例(β_1,β_2)以最大化自身的期望效用。显然，如果双方信息完全对称，用户可以采用“强制合同”规定节水服务企业必须付出的努力程度：用水单位要求节水服务企业付出使得自身期望效用最大化的努力水平(a_c^*, a_q^*)，如果观测到节水服务企业真的选择了$a_c \geqslant a_c^*$，$a_q \geqslant a_q^*$，则会支付节水服务企业$S = S^*$，否则支付$S < S^*$。事实上，用水单位无法完全观测到节水服务企业的努力程度，这就涉及节水服务企业的信息约束。

其次，由于用水单位无法观测到节水服务企业对合同节水管理项目的努力程度，因此，任何用水单位希望的努力程度必须满足节水服务企业期望效用最大化的条件，即委托代理理论中的激励相容约束。表述如下：

$$(a_c, a_q) \in \arg\max\left[\beta_1 a_c + \beta_2 P\sqrt{C_f}\lambda a_q - \frac{1}{2}(ma_c^2 + na_q^2)\right.$$
$$\left. - \frac{1}{2}\rho(\beta_1^2\sigma_c^2 + \beta_2^2 P^2 C_f \sigma_q^2) + f_1\right]$$

此外，用水单位还面临着来自节水服务企业的参与约束，即节水服务企业参与合同节水管理获得的期望效用不少于其投资同等规模的其他节水项目获得的收益，表述如下：

$$w_2' \geqslant \bar{U}$$

其中，$\bar{U}$ 为节水服务企业参与合同节水管理的机会成本。

综上，固定投资回报型合同节水管理项目中的收益分配问题就是用户选择满足节水服务企业参与约束和激励相容约束的分享比例以最大化自身的期望效用，即

$$\max_{\beta_1,\beta_2}\left[(1-\beta_1)a_c + (1-\beta_2)P\sqrt{C_f}\lambda a_q + PQ_0 - C_f - f_1\right] \tag{5-26}$$

$$\text{s.t.} \quad \beta_1 a_c + \beta_2 P\sqrt{C_f}\lambda a_q - \frac{1}{2}(ma_c^2 + na_q^2) - \frac{1}{2}\rho(\beta_1^2\sigma_c^2 + \beta_2^2 P^2 C_f \sigma_q^2) + f_1 \geqslant \bar{U} \tag{5-27}$$

$$\left(a_c - a_q\right) \in \arg\max\left[\beta_1 a_c + \beta_2 P\sqrt{C_f}\lambda a_q - \frac{1}{2}\left(m a_c^2 + n a_q^2\right) - \frac{1}{2}\rho\left(\beta_1^2\sigma_c^2 + \beta_2^2 P^2 C_f \sigma_q^2\right) + f_1\right] \tag{5-28}$$

（二）模型求解

采用逆推法求解上述模型。首先，最大化节水服务企业的期望效用得到节水服务企业的最优努力水平$\left(a_c, a_q\right)$；其次，将得到的最优努力水平作为给定条件求解用水单位期望效用最大化时的最优分享比例$\left(\beta_1, \beta_2\right)$。求解过程如下。

式（5-28）分别关于a_c、a_q求一阶偏导，并令其为0，有

$$\beta_1 - m a_c = 0 \qquad \beta_2 P\sqrt{C_f}\lambda - n a_q = 0 \tag{5-29}$$

根据文献[38,44]的结论，激励相容约束等价于式（5-29）的一阶条件，即

$$a_c = \frac{\beta_1}{m} \qquad a_q = \frac{\beta_2 P\sqrt{C_f}\lambda}{n} \tag{5-30}$$

为了最大化目标函数中用户的期望效用，节水服务企业的参与约束只能取等号。对式（5-27）取等号后进行移项有

$$\beta_1 a_c + \beta_2 P\sqrt{C_f}\lambda a_q + f_1 = \bar{U} + \frac{1}{2}\left(m a_c^2 + n a_q^2\right) + \frac{1}{2}\rho\left(\beta_1^2\sigma_c^2 + \beta_2^2 P^2 C_f \sigma_q^2\right) \tag{5-31}$$

将式（5-30）、式（5-31）的结果代入目标函数式（5-26）有

$$\max E\left[V\right] = \frac{\beta_1}{m} - \frac{\beta_1^2}{2m} + \frac{\beta_2 P^2 C_f \lambda^2}{n} - \frac{\beta_2^2 P^2 C_f \lambda^2}{2n} - \frac{1}{2}\rho\left(\beta_1^2\sigma_c^2 + \beta_2^2\sigma_q^2 P^2 C_f\right) - C_f - \bar{U} + PQ_0 \tag{5-32}$$

对式（5-32）中的$E\left[V\right]$分别关于β_1、β_2求一阶偏导，并令其为0，有

$$\frac{\partial E\left[V\right]}{\partial \beta_1} = \frac{1}{m} - \frac{1}{m}\beta_1 - \rho\sigma_c^2\beta_1 = 0$$

$$\frac{\partial E\left[V\right]}{\partial \beta_2} = \frac{P^2 C_f \lambda^2\left(1-\beta_2\right)}{n} - P^2 C_f \rho\sigma_q^2\beta_2 = 0$$

用水单位期望效用最大化时的分享比例为

$$\beta_1^* = \frac{1}{1 + m\rho\sigma_c^2} \qquad \beta_2^* = \frac{\lambda^2}{\lambda^2 + n\rho\sigma_q^2} \tag{5-33}$$

式（5-33）中节水服务企业的分享比例是满足用水单位期望效用最大化的必要条件，下面证明式（5-33）是用水单位期望效用最大化的充分条件。

令 $A=\dfrac{\partial^2 E[V]}{\partial \beta_1^2}$，$B=\dfrac{\partial^2 E[V]}{\partial \beta_1 \partial \beta_2}$，$E=\dfrac{\partial^2 E[V]}{\partial \beta_2^2}$，则

$$AE-B^2=\frac{P^2C_f\lambda^2}{mn}+\frac{P^2C_f\lambda^2\rho\sigma_c^2}{n}+\frac{P^2C_f\rho\sigma_q^2}{m}+P^2C_f\rho^2\sigma_c^2\sigma_q^2>0$$

同时，$E=-P^2C_f\rho\sigma_q^2-\dfrac{P^2C_f\lambda^2}{n}<0$ 。根据第二章第七节二元函数极值定理 2.2，式（5-33）的结果是均衡状态下的最优分享比例。

将式（5-33）的结果代入式（5-30），得到节水服务企业为降低改造成本，增加节水量付出的最优努力水平：

$$a_c^*=\frac{1}{m\left(1+m\rho\sigma_c^2\right)} \qquad a_q^*=\frac{P\lambda^3\sqrt{C_f}}{n\left(\lambda^2+n\rho\sigma_q^2\right)} \tag{5-34}$$

将式（5-33）、式（5-34）代入式（5-26），得到用水单位的最优期望效用为

$$E[V]^*=\frac{\rho P^2C_f\lambda^4\sigma_q^2}{\left(\lambda^2+n\rho\sigma_q^2\right)^2}+\frac{\rho\sigma_c^2}{\left(1+m\rho\sigma_c^2\right)^2}+PQ_0-C_f-f_1 \tag{5-35}$$

考虑无激励条件下用户的期望效用：当用水单位不采取激励行为时，$\beta_1=\beta_2=0$，由式（5-30）可得 $a_c=a_q=0$，此时 $E[C]=C_f$，$E[Q]=Q_0$。节水服务企业的最优策略是达到合同节水管理设置的成本与节水量的最低标准，在降低改造成本和增加节水量上不会付出额外努力。此时，节水服务企业只能得到式（5-35）中的固定酬金 f_1。记无激励条件下用户的期望效用为 $E[V_N]$，则

$$E[V_N]=PQ_0-C_f-f_1 \tag{5-36}$$

根据式（5-35）与式（5-36），用水单位采取激励措施与不采取激励措施获得的期望效用差额为

$$\Delta E[V]=E[V]^*-E[V_N]=\frac{\rho P^2C_f\lambda^4\sigma_q^2}{\left(\lambda^2+n\rho\sigma_q^2\right)^2}+\frac{\rho\sigma_c^2}{\left(1+m\rho\sigma_c^2\right)^2}\geqslant 0$$

用水单位采取激励措施获得的期望效用一定不小于无激励的情况，这表明用水单位的激励行为是有效的。然而，用水单位对节水服务企业的激励成本不会大于节水服务企业控制改造成本、增加节水量带来的收益，即用水单位给予节水服务企业的最大激励费用不会高于 $\Delta E[V]$。因此，用水单位对节水服务企业的最大激励成本为

$$I_{\max}=\frac{\rho P^2C_f\lambda^4\sigma_q^2}{\left(\lambda^2+n\rho\sigma_q^2\right)^2}+\frac{\rho\sigma_c^2}{\left(1+m\rho\sigma_c^2\right)^2} \tag{5-37}$$

（三）结果分析

用水单位不设置激励的情况下，节水服务企业的最优策略是满足合同节水管理设置的成本与节水量的最低标准，在减少成本与增加节水量方面是不情愿的，可能导致合同节水管理项目的失败。为了使用水单位对节水服务企业的激励更有效，以下将分析最优分享比例、最优努力水平及最优期望效用的变化规律。

1. 最优分享比例 $\left(\beta_1^*,\beta_2^*\right)$ 分析

定理 5.5　节水服务企业的最优成本分享比例与最优节水量分享比例是风险规避程度、努力成本系数和项目不确定性的减函数；最优节水量分享比例是综合能力的增函数。

证明　对式（5-33）中的 β_1^* 分别关于 m 、ρ 、σ_c^2 求一阶偏导，β_2^* 分别关于 n 、ρ 、σ_q^2、λ 求一阶偏导有

$$\frac{\partial\beta_1^*}{\partial\rho}=\frac{-m\sigma_c^2}{\left(1+m\rho\sigma_c^2\right)^2}\leqslant 0 \quad (5\text{-}38)$$

$$\frac{\partial\beta_2^*}{\partial\rho}=\frac{-n\lambda^2\sigma_q^2}{\left(\lambda^2+n\rho\sigma_q^2\right)^2}\leqslant 0 \quad (5\text{-}39)$$

$$\frac{\partial\beta_1^*}{\partial m}=\frac{-\rho\sigma_c^2}{\left(1+m\rho\sigma_c^2\right)^2}\leqslant 0 \quad (5\text{-}40)$$

$$\frac{\partial\beta_2^*}{\partial n}=\frac{-\rho\lambda^2\sigma_q^2}{\left(\lambda^2+n\rho\sigma_q^2\right)^2}\leqslant 0 \quad (5\text{-}41)$$

$$\frac{\partial\beta_1^*}{\partial\sigma_c^2}=\frac{-m\rho}{\left(1+m\rho\sigma_c^2\right)^2}\leqslant 0 \quad (5\text{-}42)$$

$$\frac{\partial\beta_2^*}{\partial\sigma_q^2}=\frac{-n\rho\lambda^2}{\left(\lambda^2+n\rho\sigma_q^2\right)^2}\leqslant 0 \quad (5\text{-}43)$$

$$\frac{\partial\beta_2^*}{\partial\lambda}=\frac{2\lambda n\rho\sigma_q^2}{\left(\lambda^2+n\rho\sigma_q^2\right)^2}\geqslant 0 \quad (5\text{-}44)$$

式（5-38）与式（5-39）表明，节水服务企业的最优分享比例是风险规避程度的减函数。相比于成熟的节水服务企业，新成立的节水服务企业缺乏经验，不能有效地防范合同节水管理项目风险，往往具有较高的风险规避程度，对承担风险是抗拒的。成熟的节水服务企业为了降低成本、增加节水量更愿意主动承担项目风险。因此，风险规避程度高的节水服务企业获得的分享比例小于挑战型节水服务企业。特别是当节水服务企业为风

险中性时，即 $\rho=0$，此时 $\beta_1^*=\beta_2^*=1$，节水服务企业独享合同节水管理项目全部的成本节约和超额节水量收益。

式（5-40）与式（5-41）表明，节水服务企业的最优分享比例是努力成本系数的减函数。不同节水服务企业对努力成本的控制能力不同，对于那些具有较弱努力成本控制能力的节水服务企业而言，达到同样的努力水平花费的成本较高，降低了节水服务企业努力工作的积极性，因此获得的分享比例下降；此外，当努力成本增大时，为诱使节水服务企业选择相同的努力水平必须增大分享比例，用水单位宁愿节水服务企业选取较低的努力水平从而换取激励成本的节约。

式（5-42）与式（5-43）表明，节水服务企业的最优分享比例是合同节水管理项目不确定性的减函数。当项目的不确定性越高时，用水单位无法判定项目成本节约与节水量的增加是由节水服务企业的努力还是随机干扰项的影响，导致用水单位与节水服务企业信息不对称的程度增加。较高的成本节约（或较多的超额节水量）并不能真正反映节水服务企业的努力程度，可能是外部环境（融资情况、输水管网泄漏率、节水设备故障率等）良好。相反，较低的成本节约（或较少的超额节水量）可能是因外部环境较差，不一定是节水服务企业没有努力工作。由于节水服务企业一般需规避风险，当合同节水管理项目的不确定性较高时，增加节水服务企业的分享比例并不能提高节水服务企业努力工作的积极性。

式（5-44）表明，节水服务企业的最优节水量分享比例是综合能力的增函数。节水服务企业的综合能力越强，其在增加节水量上做出的努力越容易转化为节水收益，相应地，在节水量这一维度上付出的努力将会越大，因此节水量的最优分享比例上升。

综上，节水服务企业的最优成本分享比例与最优节水量分享比例是风险规避程度、努力成本系数和项目不确定性的减函数；最优节水量分享比例是综合能力的增函数。

目前合同节水管理处于发展的初期，节水服务企业缺乏改造经验，不能很好地预见并防范合同节水管理项目中的风险，导致节水服务企业的风险承受能力较差，对应节水服务企业往往具有较高的风险规避程度。同时，合同节水管理较长的运行周期使得合同节水管理具有高度不确定性。此外，当前的节水服务企业普遍为中小型企业，综合能力欠缺，这些因素共同导致现阶段的节水服务企业占有的分享比例偏低，而用水单位的分享比例较高。这一结果符合当下合同节水管理的实际情况，目前用水单位参与合同节水管理的积极性较弱，为了提高用水单位参与合同节水管理的积极性，有必要给予用水单位较高的分享比例从而开拓节水市场。

2. 最优节水服务企业努力水平 $\left(a_c^*, a_q^*\right)$ 分析

定理 5.6　节水服务企业在成本与节水量上付出最优努力水平的相对比重是项目规模的减函数。

证明　令 $L=\dfrac{a_c^*}{a_q^*}$，根据式（5-34）有

$$L=\frac{a_c^*}{a_q^*}=\frac{n\left(\lambda^2+n\rho\sigma_q^2\right)}{mP\sqrt{C_f}\lambda^3\left(1+m\rho\sigma_c^2\right)}\quad \frac{\partial L}{\partial C_f}=\frac{-\frac{1}{2}\left(\lambda^2+n\rho\sigma_q^2\right)}{mPC_f^{\frac{3}{2}}\lambda^2\left(1+m\rho\sigma_c^2\right)}\leqslant 0 \tag{5-45}$$

式（5-45）表明，节水服务企业在成本与节水量上付出的最优努力水平的比重与项目规模呈负相关。随着合同节水管理项目规模的增加，节水服务企业成本与节水量的相对最优努力水平逐渐减小。当项目规模非常大时（$C_f \to +\infty$），成本与节水量的相对最优努力水平趋近于 0，节水服务企业对节水项目运营维护阶段付出的努力 a_q^* 远远大于对改造阶段投入的努力 a_c^*，这表明节水服务企业非常看好节水量增加带来的收入，相对而言，项目改造阶段成本节约带来的收入并没有那么重要。

此外，式（5-30）表明，节水服务企业的努力水平与分享比例呈正相关，即节水服务企业越努力，其得到的分享比例越大。同时，式（5-34）表明，节水服务企业综合能力越强，其在减少节水量上所做的努力越大。式（5-44）表明，综合能力增强时用户将提高节水服务企业的节水量分享系数，因此提高了节水服务企业在节水量上的努力水平。

3. 最优用户期望效用 $E[V]^*$ 分析

定理 5.7　用户的最优期望效用是节水服务企业综合能力的增函数，是努力成本系数的减函数。

证明　对式（5-35）的 $E[V]^*$ 分别关于 λ、m、n 求一阶偏导有

$$\begin{aligned}
\frac{\partial E[V]^*}{\partial \lambda}&=\frac{4P^2C_f\lambda^3 n\rho^2\sigma_q^4}{\left(\lambda^2+n\rho\sigma_q^2\right)^3}\geqslant 0\\
\frac{\partial E[V]^*}{\partial m}&=\frac{-2\rho^2\sigma_c^4}{\left(1+m\rho\sigma_c^2\right)^3}\leqslant 0\\
\frac{\partial E[V]^*}{\partial n}&=\frac{-2P^2C_f\lambda^4\rho^2\sigma_q^4}{\left(\lambda^2+n\rho\sigma_q^2\right)^3}\leqslant 0
\end{aligned} \tag{5-46}$$

式（5-46）表明，用水单位的最优期望效用与节水服务企业的综合能力呈正相关，与努力成本系数呈负相关。由式（5-34）与式（5-44）可知，节水服务企业的综合能力越高，其节水量分享比例 β_2 越大，节水服务企业越容易产生增加节水量的动力，这种情景下用户的最优期望效用增加。由式（5-34）可知，节水服务企业努力对自身的代价影响越大，其对合同节水管理项目的努力就越小，产生的节水收益越少，用水单位获得的节水收益也就越少。

4. 最大激励成本 $I_{\max}$ 分析

定理 5.8 用水单位的最大激励成本是节水服务企业综合能力的增函数，是努力成本系数的减函数。

证明 对式（5-37）的 $I_{\max}$ 分别关于 λ 、m 、n 求一阶偏导有

$$\begin{aligned}
&\frac{\partial I_{\max}}{\partial \lambda}=\frac{4P^2C_f\lambda^3 n\rho^2\sigma_q^4}{\left(\lambda^2+n\rho\sigma_q^2\right)^3}+\frac{2P\lambda n\rho\sigma_q^2 Q_0}{\left(\lambda^2+n\rho\sigma_q^2\right)^2}\geqslant 0\\
&\frac{\partial I_{\max}}{\partial m}=\frac{-2\rho^2\sigma_c^4}{\left(1+m\rho\sigma_c^2\right)^3}\leqslant 0\\
&\frac{\partial I_{\max}}{\partial n}=\frac{-2P^2C_f\lambda^4\rho^2\sigma_q^4}{\left(\lambda^2+n\rho\sigma_q^2\right)^3}-\frac{P\lambda^2\rho\sigma_q^2 Q_0}{\left(\lambda^2+n\rho\sigma_q^2\right)^2}\leqslant 0
\end{aligned} \tag{5-47}$$

式（5-47）表明，用水单位的最大激励成本与节水服务企业的综合能力呈正相关，与努力成本系数呈负相关。这是因为节水服务企业的综合能力越强，用水单位获得的期望效用越大；当节水服务企业的努力代价越大时，由式（5-40）和式（5-41）可知，用水单位对节水服务企业激励系数越小，从而用水单位的激励成本越低。

三、模型的特例

上述模型建立在用水单位同时进行改造成本与节水量激励的条件下。下面，将分别探讨用水单位进行单因素激励时用水单位与节水服务企业的最优策略。

（一）只进行改造成本激励的情况

用水单位针对改造成本进行单因素激励时，式（5-25）中 β_2=0，在委托代理框架下建立针对改造成本激励的收益分配模型：

$$\max_{\beta_1,\beta_2}\left[\left(1-\beta_1\right)a_c+P\sqrt{C_f}\lambda a_q+PQ_0-C_f-f_1\right]$$

$$\text{s.t.}\quad \beta_1 a_c - \frac{1}{2}\left(ma_c^2 + na_q^2\right) - \frac{1}{2}\rho\beta_1^2\sigma_c^2 + f_1 \geqslant \bar{U}$$

$$\left(a_c, a_q\right) \in \arg\max\left[\beta_1 a_c - \frac{1}{2}\left(ma_c^2 + na_q^2\right) - \frac{1}{2}\rho\beta_1^2\sigma_c^2 + f_1\right]$$

采用逆推法求解上述模型，得到只进行改造成本激励时的最优分享比例$\left(\beta_1^*, \beta_2^*\right)$、最优努力水平$\left(a_c^*, a_q^*\right)$和用水单位最优期望效用$E\left[V\right]^*$，如表 5-6 所示。

表 5-6　不同条件下最优解对比表

项目	分享比例	努力水平	用户期望效用
改造成本与节水量激励	$\beta_1^*=\dfrac{1}{1+m\rho\sigma_c^2}$	$a_c^*=\dfrac{1}{m\left(1+m\rho\sigma_c^2\right)}$	$E\left[V\right]^*=\dfrac{\rho\sigma_c^2}{\left(1+m\rho\sigma_c^2\right)^2}+\dfrac{\rho P^2 C_f\lambda^4\sigma_q^2}{\left(\lambda^2+n\rho\sigma_q^2\right)}+PQ_0-C_f-f_1$
	$\beta_2^*=\dfrac{\lambda^2}{\lambda^2+n\rho\sigma_q^2}$	$a_q^*=\dfrac{P\lambda^3\sqrt{C_f}}{n\left(\lambda^2+n\rho\sigma_q^2\right)}$	
改造成本激励	$\beta_1^*=\dfrac{1}{1+m\rho\sigma_c^2}$	$a_c^*=\dfrac{1}{m\left(1+m\rho\sigma_c^2\right)}$	$E\left[V\right]^*=\dfrac{\rho\sigma_c^2}{\left(1+m\rho\sigma_c^2\right)^2}+PQ_0-C_f-f_1$
	$\beta_2^*=0$	$a_q^*=0$	
节水量激励	$\beta_1^*=0$	$a_c^*=0$	$E\left[V\right]^*=\dfrac{P^2 C_f\lambda^4\rho\sigma_q^2}{\left(\lambda^2+n\rho\sigma_q^2\right)^2}+PQ_0-C_f-f_1$
	$\beta_2^*=\dfrac{\lambda^2}{\lambda^2+n\rho\sigma_q^2}$	$a_q^*=\dfrac{P\lambda^3\sqrt{C_f}}{n\left(\lambda^2+n\rho\sigma_q^2\right)}$	
无激励	$\beta_1^*=0$	$a_c^*=0$	$E\left[V\right]^*=PQ_0-C_f-f_1$
	$\beta_2^*=0$	$a_q^*=0$	

（二）只进行节水量激励的情况

用水单位对节水服务企业仅进行节水量激励的情况与只进行改造成本激励类似，相应地，式（5-25）中β_1=0，重复上述建模过程，建立针对节水量激励的收益分配模型：

$$\max_{\beta_1,\beta_2}\left[a_c + \left(1-\beta_2\right)P\sqrt{C_f}\lambda a_q + PQ_0 - C_f - f_1\right]$$

$$\text{s.t.}\quad \beta_2 P\sqrt{C_f}\lambda a_q - \frac{1}{2}\left(ma_c^2 + na_q^2\right) - \frac{1}{2}\rho\beta_2^2 P^2 C_f\sigma_q^2 + f_1 \geqslant \bar{U}$$

$$\left(a_c, a_q\right) \in \arg\max\left[\beta_2 P\sqrt{C_f}\lambda a_q - \frac{1}{2}\left(ma_c^2 + na_q^2\right) - \frac{1}{2}\rho\beta_2^2 P^2 C_f\sigma_q^2 + f_1\right]$$

重复上述求解过程，得到只进行节水量激励时的最优解，如表 5-6 所示。

由表 5-6 中结果可知，一方面，用水单位对节水服务企业进行单因素激励时，节水服务企业仅针对激励目标采取积极行为，而对未激励的方面，只会达到事先约定的目标，如只进行改造成本激励，节水服务企业不会做出增加节水量的努力，这种情况下节水量的期望值为 Q_0。相应地，节水服务企业分享单因素激励带来的收益。这也体现出理性人假设的合理性。另一方面，用水单位采取激励手段获得的最优期望效用总大于无激励的情况，且同时进行改造成本与节水量激励时用水单位的最优期望效用最大。综上分析，用水单位通过设置有效的激励合同，可以提高节水服务企业的努力程度。

四、算例

本节选取北京某高尔夫球场案例进行算例分析。HF 节水服务企业作为中标商通过合同管理方式对高尔夫球场实施节水改造。其中，该项目采用固定投资回报模式，项目改造投资预计 1200 万元，合同有效期为 5 年，合同期内预计节水 100 万 m^3。按照北京特殊行业用水水价 160 元/m^3 计算，该高尔夫球场每年约节约水费 3200 万元。

为研究节水服务企业的风险规避程度对最优分享比例的影响，对项目的不确定性进行灵敏度分析。不考虑量纲的影响，各参数取值情况如表 5-7 所示。

表 5-7 参数取值

参数	m	n	λ	P	C_f	ρ	σ_c^2	σ_q^2
取值	1	2	2	1.6	12	(0,1)	[1,6]	[6,11]

为探究 HF 节水服务企业的风险规避程度对最优分享比例的影响，如图 5-6 所示（取 $\sigma_c^2=6$，$\sigma_q^2=8$）。从中可以发现，HF 节水服务企业的最优分享比例随着风险规避程度的增加而减少。此外，最优节水量分享比例总高于最优成本分享比例，这是因为在当前条件下 HF 节水服务企业对增加节水量所做的努力总大于对降低成本所做的努力。当合同节水管理项目达到成熟期后，HF 节水服务企业能够很好地防范项目风险，大大增强了其风险承受能力，届时其风险规避程度将会非常低，HF 节水服务企业几乎独享全部的成本节约与超额收益。

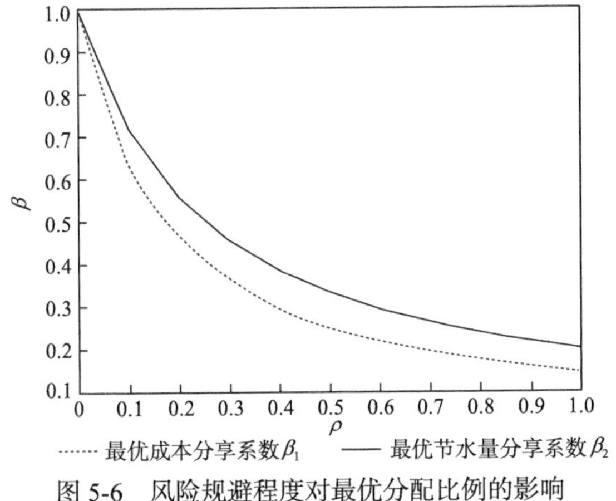

图 5-6　风险规避程度对最优分配比例的影响

取ρ=0.5，得到 HF 节水服务企业在成本与节水量上最优努力水平的比重随成本不确定性与节水量不确定性的变化规律，如图 5-7 所示。HF 节水服务企业为了规避风险，当突发事件导致改造成本的不确定性增加时，HF 节水服务企业对项目改造阶段的信心减弱。为了最大化期望效用，HF 节水服务企业只好增加运营维护阶段的努力。因此当成本不确定性增加时，HF 节水服务企业在项目改造阶段投入的努力相对于运营维护阶段逐渐降低。同理，当运营维护阶段的不确定性增加时，HF 节水服务企业作为理性人在项目改造阶段投入的努力相对于运营维护阶段逐渐增加。值得注意的是，虽然节水量不确定性的增加，会导致 HF 节水服务企业对成本的努力水平相对于对节水量的努力水平不断增加，但是对成本的努力水平绝不会高于对节水量的努力水平，这与该高尔夫球场改造周期短而运营周期长的项目特点有关。

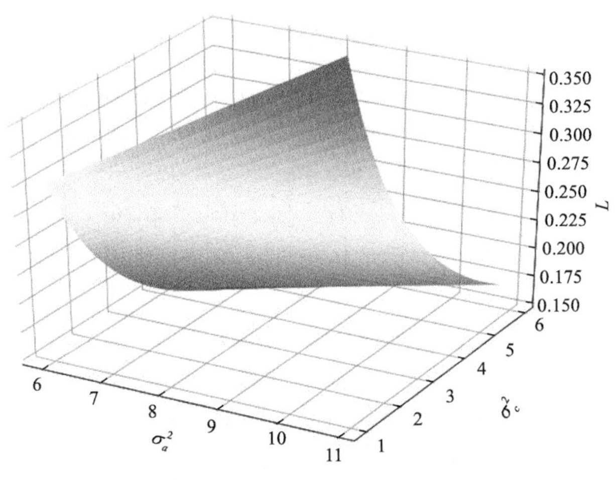

图 5-7　项目不确定性对最优努力水平比重的影响

综上所述，节水服务企业的风险规避对其最优分享比例是不利的，并且风险规避程度越高自身的最优分享比例越低。此外，项目的不确定性会削弱节水服务企业努力工作的积极性。

结果表明，节水服务企业的最优分享比例取决于两个方面的因素。一方面来源于节水服务企业本身，即节水服务企业的风险规避程度、努力成本系数和综合能力。节水服务企业的风险规避程度越高，努力成本系数越大，对应的最优成本分享比例与最优节水量分享比例越少；节水服务企业的综合能力越强，对应的最优节水量分享比例越高。另一方面来源于外部环境，即合同节水管理项目的不确定性。合同节水管理项目的不确定性越高，用水单位与节水服务企业之间信息的不对称性越大，用水单位判断节水服务企业真实的努力水平花费的代价越大，节水服务企业的最优分享比例越低。此外，节水服务企业在成本和节水量上投入的相对最优努力水平与合同节水管理项目的规模密切相关，规模越大，对应的相对最优努力水平越小。对用水单位而言，节水服务企业的综合能力越强用水单位获得的最优期望效用越大，用水单位对自身的改造项目越满意。

参 考 文 献

[1] Xu P，Chan E H，Qian Q K. Success factors of energy performance contracting（EPC）for sustainable building energy efficiency retrofit（BEER）of hotel buildings in China[J]. Energy Policy，2011，39（11）：7389-7398.

[2] Qian D，Guo J E. Research on the energy-saving and revenue sharing strategy of ESCOs under the uncertainty of the value of energy performance contracting projects[J]. Energy Policy，2014，73（10）：710-721.

[3] Pätäri S，Sinkkonen K. Energy service companies and energy performance contracting：is there a need to renew the business model? Insights from a delphi study[J]. Journal of Cleaner Production，2014，66（3）：264-271.

[4] Shang T，Zhang K，Liu P，et al. What to allocate and how to allocate? Benefit allocation in shared savings energy performance contracting projects[J]. Energy，2015，91（11）：60-71.

[5] Garbuzova-Schlifter M，Madlener R. AHP-based risk analysis of energy performance contracting projects in Russia[J]. Energy Policy，2016，97（10）：559-581.

[6] Liu P，Zhou Y，Zhou D K，et al. Energy performance contract models for the diffusion of green-manufacturing technologies in China：a stakeholder analysis from SMEs'

perspective [J]. Energy Policy，2017，106（7）：59-67.

[7] Carbonara N，Pellegrino R. Public-private partnerships for energy efficiency projects：a win-win model to choose the energy performance contracting structure[J]. Journal of Cleaner Production，2018，170（1）：1064-1075.

[8] Shang T，Liu P，Guo J. How to allocate energy-saving benefit for guaranteed savings EPC projects? A case of China[J]. Energy，2019，191：116499.

[9] 张旺，王海锋. 实施最严格的节水管理制度的认识和探索[J]. 水利发展研究，2010，10（1）：6-9.

[10] 郭俊雄. 基于 Shapley 值理论的合同能源管理利益相关者收益分配研究[D]. 天津：天津大学，2012.

[11] 刘欣欣. 两种合同节水管理模式收益分配机制[D]. 邯郸：河北工程大学，2020.

[12] 杨哲. 基于讨价还价理论的企业集团中的利益分配[J]. 管理工程学报，2015，29（4）：140-144.

[13] 阎建明，朱开伟，刘贞，等. 基于 TOPSIS 的合同能源管理利益分配方式研究[J]. 重庆理工大学学报（社会科学），2016，30（2）：69-75，103.

[14] 李莉，吴蓉蓉，沈芳. EPC 模式下的可再生能源建筑利益分配研究[J]. 建筑节能，2016，44（12）：102-106.

[15] 郭路祥. 我国合同节水管理现状与前景分析[J]. 中国水利，2016，15：18-21.

[16] 刘德艳，尹庆民. 基于修正 Shapley 模型的合同节水管理利益分配研究[J]. 水利经济，2016，34（3）：53-58，81.

[17] 蒋菱，王峥，黄仁乐，等. 基于不完全信息下讨价还价模型的动态联盟利益分配研究[J]. 价值工程，2016，35（17）：231-234.

[18] 周峰，郑曼玲，陈虹宇，等. 分享型能源改造合同利益分配优化设计[J]. 土木工程与管理学报，2017，34（6）：109-114.

[19] 尹庆民，陈普，许长新. 公平熵下合同节水管理效益分配研究[J]. 节水灌溉，2017，8：101-105，109.

[20] 曹文英，袁汝华. 基于 Shapley 值修正的跨区域水电项目收益分配研究[J]. 水利经济，2018，36（3）：16-20，77.

[21] 原欣. 基于合作博弈论的云制造联盟利益分配方法研究[D]. 西安：西安理工大学，2018.

[22] 彭勇，李新新. 停车泊位共享收益分配研究——基于不完全信息讨价还价博弈模型[J]. 价格理论与实践，2018，2：67-70.

[23] 吴洁，吴小桔，车晓静，等. 中介机构参与下联盟企业知识转移的三方利益博弈分析[J].中国管理科学，2018，26（10）：176-186.

[24] 鲁达明. 合同节水管理模型对节水管理效益分配的对比研究[J]. 陕西水利，2019，1：67-69.

[25] Mitchell A，Wood D J. Toward a theory of stakeholder identification and salience：defining the principle of who and what really counts[J]. Academy of Management Review，1997，22（4）：853-886.

[26] Shapley L S. A value for N-person games[C]//Kuhn H W，Tucker A W. Contributions to the Theory of Games. New Jersey：Princeton University Press，1953：307-317.

[27] 尹庆民，刘德艳. 合同节水管理利益分配研究[J]. 节水灌溉，2016，7：73-76.

[28] Hwang C L，Yoon K. Methods for multiple attribute decision making[C]//Beckmann M，Künzi H P. Multiple Attribute Decision Making. Lecture Notes in Economics and Mathematical Systems. West Berlin：Springer-Verlag，Berlin，Heidelberg，1981：58-191.

[29] 王小胜，胡豪，刘欣欣，等. 基于讨价还价模型的分享型合同节水管理利益分配[J]. 系统工程理论与实践，2020，40（9）：2418-2426.

[30] Rubinstein A. Perfect equilibrium in a bargaining model[J]. Econometrica，1982，50（1）：97-109.

[31] Shaked A，Sutton J. Involuntary unemployment as a perfect equilibrium in a bargaining model[J]. Econometrica，1984，52（6）：1351-1364.

[32] 王小胜，刘欣欣，哈明虎，等. 固定投资回报型合同节水管理项目收益分配模型[J]. 运筹与管理，2021，已录用.

[33] 郑通汉. 中国合同节水管理[M]. 北京：水利水电出版社，2016.

[34] Hosseinian S M，Carmichael D G. Optimal gainshare/painshare in alliance projects[J]. Journal of the Operational Research Society，2013，64（8）：1269-1278.

[35] Hart O D，Holmstrom B. The Theory of Contracts[M]. Cambridge：Cambridge University Press，1987.

[36] Arrow K J. Essays in the Theory of Risk Bearing[M]. Chicago：Markham Publishing，1971.

[37] Pratt J. Risk aversion in the small and in the large[J]. Econometrica，1964，32（1-2）：122-136.

[38] Holmstrom B. Moral hazard and observability[J]. The Bell Journal of Economics，1979，10（1）：74-91.

[39] McAfee R P，McMillan J. Bidding for contracts：a principal-agent analysis[J]. The RAND Journal of Economics，1986，17（3）：326-338.

[40] 汪智慧. 基于委托代理理论的项目管理承包模式研究[D]. 天津：天津大学，2007.

[41] 陈勇强，傅永程，华冬冬. 基于多任务委托代理的业主与承包商激励模型[J]. 管理科学学报，2016，19（4）：46-55.

[42] Bolton P，Dewatripont M. Contract Theory[M]. Cambridge：MIT Press，2004.

[43] 余建军，郑小欢，黄小泳，等. 基于委托代理理论的“公司+农户”租赁模式分析[J]. 运筹与管理，2018，27（4）：179-185.

[44] Mirrlees J A. The optimal structure of incentives and authority within an organization[J]. The Bell Journal of Economics，1976，7（1）：105-131.

第六章　合同节水管理风险评价模型

合同节水管理项目在实施过程中受众多风险因素的影响，合理地评价合同节水管理的风险等级、挖掘影响合同节水管理的风险因素，对调动节水服务企业和用水单位的积极性，以及制定政策支持路径尤为重要。通过第四章的分析可知，合同节水管理主要有五种不同的运行模式，但这些模式主要是针对项目的成本回收和利益分配方式而言的，对项目的风险影响不大。因此，本章将不针对特定的合同节水管理的运行模式，而是从项目本身的角度分析合同节水管理的风险因素。

首先，结合第二章介绍的等级全息建模法研究合同节水管理的风险识别问题，构建合同节水管理风险因素框架。其次，基于模糊综合评价法，构建合同节水管理风险因素评价的模糊综合评价模型，以深入挖掘影响合同节水管理项目的风险因素。最后，构建了基于组合赋权法的合同节水管理风险评价模型，以评价不同合同节水管理项目的风险等级的高低，为节水服务企业的项目选择提供参考。

第一节　风险因素识别模型

合同节水管理风险识别的主要目的是识别项目实施全程中可能存在的不利因素，以便系统地识别和推测各项风险因素对合同节水管理项目造成的具体影响，从而更好地做好风险预案。本节针对结合等级全息建模法[1]构建我国合同节水管理风险识别模型，为合同节水管理风险因素评价奠定基础。

尽管第二章第九节介绍了框架涉及七个方面的因素，但是这七个方面的因素出现了重叠，所以本节对重叠因素进行甄别后，将全部因素划分为政策、融资、市场、运营和效益五个方面，从而构建了我国合同节水管理项目风险因素分析的等级全息模型框架。

一、风险因素框架构建

根据合同节水管理项目的特点，并结合等级全息建模（见第二章第九节）得出的结果，从风险属性角度出发，将合同节水管理风险因素划分为政策、融资、市场、运营及效益五个方面（图 6-1）。

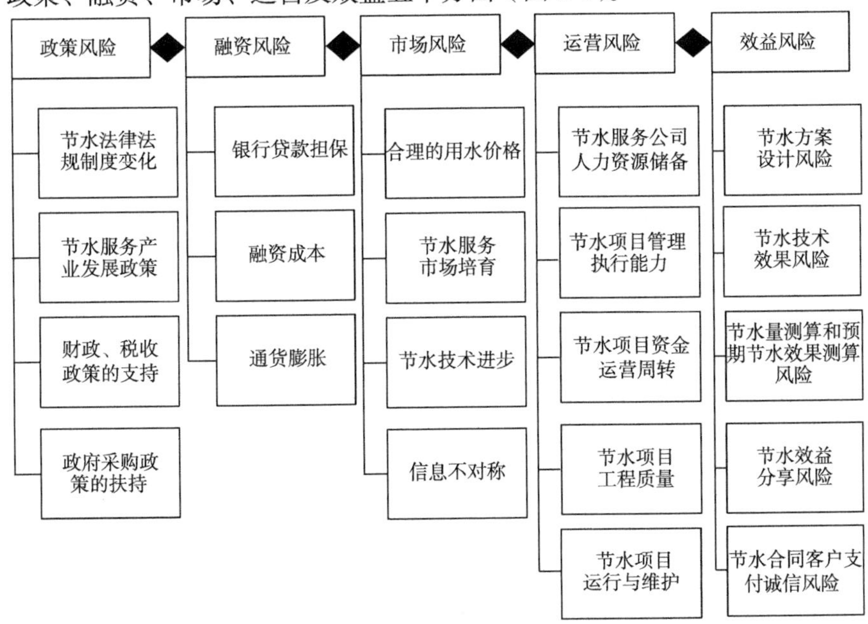

图 6-1 合同节水管理风险因素等级全息模型

（一）政策风险

政策风险主要包括合同节水管理项目实施过程各个阶段所面临的节水法律法规制度变化，节水服务产业发展政策，财政、税收政策的支持、政府采购政策的扶持等。

（二）融资风险

合同节水管理的融资一般来自商业银行贷款、民间融资、企业或者政府单位注资等。因此，该因素主要包括银行贷款担保、融资成本、通货膨胀等。

（三）市场风险

市场风险主要包括合同节水管理项目的合理的用水价格、节水服务市场培育、节水技术进步、信息不对称等。

（四）运营风险

运营风险主要包括节水服务公司人力资源储备、节水项目管理执行能力、节水项目资金运营周转、节水项目工程质量、节水项目运行与维护等。

（五）效益风险

效益风险主要包括节水方案设计风险、节水技术效果风险、节水量测算和预期节水效果测算风险、节水效益分享风险、节水合同客户支付诚信风险等。

二、风险因素子系统的等级全息建模法框架构建

在建立了合同节水管理风险因素等级全息模型的前提下，为更加具体、形象地分析和说明合同节水管理的风险因素，可从政策、融资、市场、运营、效益五个不同的视角构建合同节水管理风险子因素模型。

（一）政策风险子模型

合同节水管理项目受到政策风险的影响，而政策风险的影响来源主要是节水法律法规制度变化，节水服务产业发展政策，财政、税收政策的支持和政府采购政策的扶持等因素。因此，本节建立了合同节水管理项目政策风险子模型（图 6-2）。

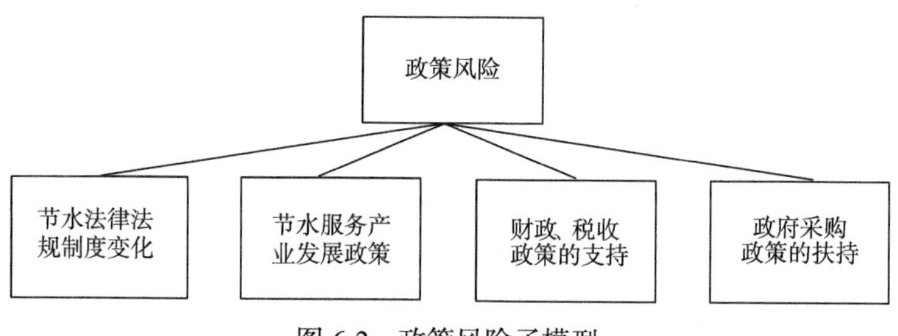

图 6-2　政策风险子模型

（二）融资风险子模型

合同节水管理项目受到融资风险的影响，融资风险的影响来源主要是银行贷款担保、融资成本和通货膨胀。所以，本节建立了合同节水管理项目融资风险子模型（图 6-3）。

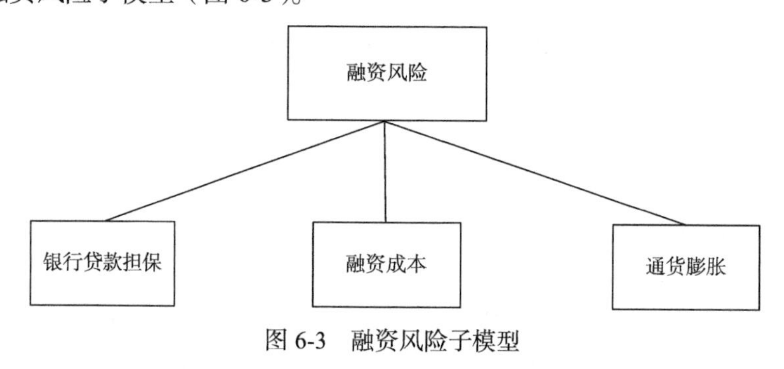

图 6-3　融资风险子模型

（三）市场风险子模型

合同节水管理项目受到市场风险的影响，市场风险的主要影响来源是合理的用水价格、节水服务市场培育、节水技术进步和信息不对称。因此，

建立了如下合同节水管理项目市场风险子模型（图 6-4）。

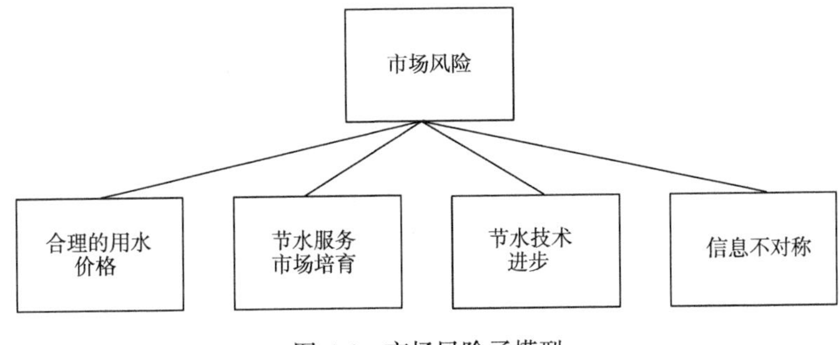

图 6-4　市场风险子模型

（四）运营风险子模型

合同节水管理项目受到运营风险的影响，运营风险的主要来源是节水服务公司人力资源储备、节水项目管理执行能力、节水项目资金运营周转、节水项目工程质量和节水项目运行与维护，建立了合同节水管理项目运营风险子模型（图 6-5）。

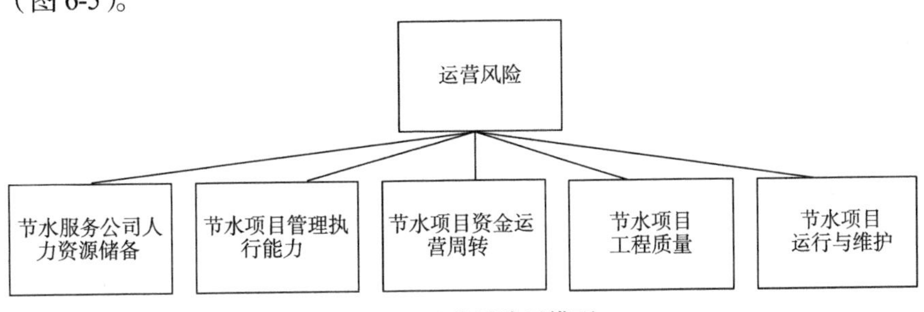

图 6-5　运营风险子模型

（五）效益风险子模型

合同节水管理项目受到效益风险的影响，效益风险的主要来源是节水方案设计风险、节水技术效果风险、节水量测算和预期节水效果测算风险、节水效益分享风险与节水合同客户支付诚信风险，建立了合同节水管理项目效益风险子模型（图 6-6）。

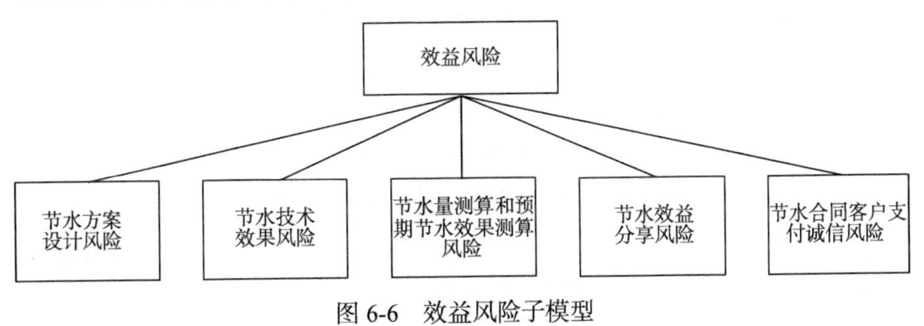

图 6-6　效益风险子模型

三、风险因素

（一）政策风险

实施合同节水管理项目所面临的政策风险主要来自节水法律法规制度变化，节水服务产业发展政策，财政、税收政策的支持和政府采购政策的扶持等。自合同节水管理项目实施以来，为弥补相关法律法规的漏洞，国家相继出台了《中华人民共和国水法》《关于加强工业节水工作的意见》等相关法律法规，进一步完善了节水事业发展相关法律体系。然而部分法律法规还缺少一定的强制性，对合同节水管理的政策支持依然不足。同时，在财政税收层面也缺少相应的具体优惠政策，节水服务补贴申请门槛高、补贴项目少。合同节水管理项目双方获得的政策优惠有限，导致用水单位进行节水改造的积极性不高。

（二）融资风险

合同节水管理的融资风险突出表现在银行贷款担保、融资成本和通货膨胀等因素。项目融资主要涵盖商业银行贷款、政府资金支持或担保、全球环境基金和世界银行贷款担保等方式，但是当前我国的节水服务企业多数为中小型企业，信用体系尚在建设，第三方担保机构和测评机构尚不成熟。银行贷款审核严格，导致节水服务企业的融资困难，这便加剧了节水合同管理项目的融资风险。同时，随着宏观经济形势的变化，金融机构的贷款利率也会做出相应的调整，这势必会影响合同节水项目的融资成本。

（三）市场风险

市场风险主要表现为合理的用水价格、节水服务市场培育、节水技术进步和信息不对称风险。合同节水管理主要是在日常生活用水单位和工农业生产用水单位推行节水服务。在市场引导下，水价上调将有利于节水效果的提升和促进合同节水管理的深入推进。但是，水是人们生产活动、日常生活的必需品，水价过高必将会引起一些其他社会问题。因此，政府一般会对水价进行合理调控，设定最高限价。然而，市场上的用水需求变化幅度一般不会很大，这便造成当前的节水市场难以形成较大的市场规模，故而带来了一定的市场风险。当前，我国合同节水管理还处于初级探索阶段，管理经验和运行模式大多借鉴合同能源管理模式。在技术层面上，我国的节水技术和设备还不太成熟，这便大大增加了节水管理项目的运营和维护成本，从而对节水需求市场造成一定影响。此外，社会大众对合同节水管理的机制和模式尚不够了解，这就导致了信息不对称，增加了信息和交易成本，于是便会影响合同节水管理市场的发展。

（四）运营风险

运营风险主要表现在节水服务公司人力资源储备、节水项目管理执行能力、节水项目资金运营周转、节水项目工程质量和节水项目运行与维护等环节中。影响管理执行能力风险的因素较多，如节水服务企业内部的财务资金是否充裕、项目管理人员的组织协调能力和经验、项目管理人员和工程技术人员的人力储备情况、工程分包商的资质和素质、工程施工质量及信用道德水平、不可抗拒的自然灾害等都会对合同节水管理项目的正常运营造成一定程度的影响。在项目实施过程中，用水单位可能由于经营战略失误和宏观经济形势等因素的影响，就会紧缩生产规模，节水设备运行效果减弱，进而影响节水效益的核算。同时，由于合同节水管理项目实施周期较长，所以容易出现运营问题，如项目实施单位的生产状况、后期节水设备维护和更新、维护和更新带来的二次投资、经济市场的形势变化等都会影响合同节水管理项目的正常运营，这便会加大合同节水管理项目的运行风险。

（五）效益风险

效益风险主要表现在节水方案设计风险、节水技术效果风险、节水量测算和预期节水效果测算风险、节水效益分享风险与节水合同客户支付诚信风险。合同节水管理项目以用水单位节约的用水费用来支付前期改造成本，并分享节水效益，从而达到双方共赢的目的。营利是企业经营发展的主要目的，无论是节水管理服务企业还是用水单位都非常关注节水效益问题。但是，正如前文所述，当前的节水管理项目第三方测评机构还缺少权威性，节水核算标准和计量测量方法没有形成统一的标准，这便影响了合同节水管理效益的测算。同时，评估客户的节水潜力也是影响节水效益的又一重要因素。节水服务企业前期调研不充分，导致与客户双方信息不对称，这便会严重影响节水效益估算，从而给合同节水管理项目带来一定的效益风险。我国的合同节水管理发展时间较短，还处于“试水期”，尚未在社会上建立起良好的信用体系，如果客户在节水管理项目实施阶段违约，拒绝履行应尽的支付义务，这不但会增加项目效益风险，而且也会在合同节水管理的社会推广方面产生较大的负面影响。

第二节　基于模糊综合评价法的合同节水管理风险因素评价模型

上一节基于等级全息建模法建立了合同节水管理的风险框架，本节将在此基础上，通过建立合同节水管理风险因素评价指标体系和确定评价集，采用专家打分的方法，确定各层因素指标的重要程度，结合模糊综合评价法（见第二章第十节）测算风险因素的隶属度，最终构建合同节水管理风险因素评价的模糊综合评价模型，以深入分析、挖掘影响合同节水管理的风险因素。

一、问卷设计及数据收集

（一）问卷设计步骤

问卷设计的目的是获取数据的第一手资料，调查问卷的质量会直接影响所采集数据的准确性，进而影响问题分析的结果。所以，如果问卷设计不合理，那么研究结果的科学性就很难得到保证。问卷设计首先要明确调研目的，根据调研目的设计调查问卷的题项。题目的设计要严谨、准确无误和细致且全面，并要有相关权威理论支撑或专家讨论一致通过。然后发放一定数量的问卷，回收并准确记录调查结果数据以分析问卷反映的客观情况。通过对问卷设计内容的测试反馈情况，调整和完善问卷题目设置，从而形成最终问卷。

问卷设计的步骤如下。

步骤一：进行合同节水管理项目的文献研究。自合同节水管理项目引进实施以来就受到了国内学者的广泛关注，学者对合同节水管理进行了理论分析和实践研究，并着重对合同节水管理的项目风险进行了深入研究，从而对合同节水管理项目进行全方位的了解。

步骤二：开展专家学术讨论。在合同节水管理项目风险因素的全面测评信息和相关数据的精准掌控下，征求该领域内专家对问卷的修改和补充意见，并针对性地进行问卷的修改。

步骤三：举办企业界专家研讨会。问卷调查的对象应为合同节水管理项目相关的企业界人员，充分参考有丰富经验的企业人员的建议，以提高问卷的准确性，从而形成调查问卷的雏形。

步骤四：问卷初步调研测试。为提高获取数据的可靠性，应对初始问卷进行初步调研测试。根据调研数据反馈检验初始问卷的质量，对问卷中出现的问题进行再次修正，最终形成正式问卷。

（二）问卷题项设计

量表的题项设计（表 6-1）需参照合同节水管理项目的风险因素指标体系，要有唯一与之对应的测量指标。在题项设计上，为了使被访问调查者能够容易理解，应采用简单易懂的语言，同时突出问卷的调查重点。

表 6-1　合同节水管理风险因素量表题项设计

因素集	子因素集	题项设计
政策风险	节水法律法规制度变化	国家相关水资源法律法规发生变化
	节水服务产业发展政策	国家相关的节水服务政策发生变化
	财政、税收政策的支持	国家或地方出台财政、税收政策
	政府采购政策的扶持	部分政府、事业单位、国企等进行合同节水管理项目改造
融资风险	银行贷款担保	融资信用发生变化
	融资成本	融资贷款利率及其他融资费用发生变化
	通货膨胀	通货膨胀率、汇率发生变化
市场风险	合理的用水价格	水价变动
	节水服务市场培育	客户对合同能源管理机制不了解
	节水技术进步	项目所选技术不能达到要求的节能量
	信息不对称	双方提供不真实信息，互相隐瞒
运营风险	节水服务公司人力资源储备	项目内部出现管理人才或技术人才不足、紧缺
	节水项目管理执行能力	对项目设计、采购、施工管理不善
	节水项目资金运营周转	项目运行过程中相关款项、资金不能及时到位
	节水项目工程质量	项目技术改造的施工质量不达标或不理想
	节水项目运行与维护	盈利能力下降或对节能改造设备运营、维护不善
效益风险	节水方案设计风险	设计合同节水项目出现的问题
	节水技术效果风险	项目所选技术不能达到要求的节能量
	节水量测算和预期节水效果测算风险	对预期测量的结果不满意
	节水效益分享风险	项目双方或一方发生违约，拒绝支付收益
	节水合同客户支付诚信风险	项目的节能收益是否实现

本次问卷共包括三个部分：第一部分为基本情况调查，包括从业时间、公司类型、公司主营项目等；第二部分为合同节水管理项目风险因素指标；第三部分为合同节水管理项目风险因素的衡量指标。本问卷利用利克特量表法，将风险状况的发生频率划分为五个部分，并采用 5 分制进行打分，即设计的题项分别为：风险低、风险较低、风险中等、风险较高、风险高，它们分别依次对应 1~5 分。对于因素集中的政策风险、市场风险、融资风险、运营风险和效益风险变量，其子因素集事件发生频率与其得分成正比关系，说明风险指标值越高，风险越大。

（三）问卷数据收集

在数据收集阶段，开展线上、线下的数据收集调研活动。线上数据收集主要通过QQ、微信、微博等互联网媒体的社交平台；线下数据收集则以实地调研节水服务企业获取数据为主。问卷数据收集可分为预调研和正式调研两个阶段：第一阶段主要是走访河北工程大学的合同节水管理项目相关专业人员及北京、天津等地的合同节水相关专家，共获取有效问卷17 份。通过对预调研问卷的信效度分析，删减或增加问卷题项，最终形成正式问卷。第二阶段通过发放正式问卷，共获取了有效问卷35份。

二、模型构建及结果分析

下面将结合第二章第十节介绍的模糊综合评价法，构建合同节水管理风险因素评价模型，主要分为以下几个部分。

（一）构建风险因素评价指标体系

本节通过等级全息建模法来分析、识别合同节水管理项目的风险影响因素，构建合同节水管理风险因素评价指标体系，从而确定了合同节水管理风险因素评价指标（表6-2）。

表6-2 合同节水管理风险因素评价指标体系

目标 U	因素集 A	子因素集 B
合同节水管理风险因素评价	政策风险 A_1	节水法律法规制度变化 B_{11}
		节水服务产业发展政策 B_{12}
		财政、税收政策的支持 B_{13}
		政府采购政策的扶持 B_{14}
	融资风险 A_2	银行贷款担保 B_{21}
		融资成本 B_{22}
		通货膨胀 B_{23}
	市场风险 A_3	合理的用水价格 B_{31}
		节水服务市场培育 B_{32}
		节水技术进步 B_{33}
		信息不对称 B_{34}
	运营风险 A_4	节水服务公司人力资源储备 B_{41}
		节水项目管理执行能力 B_{42}
		节水项目资金运营周转 B_{43}
		节水项目工程质量 B_{44}
		节水项目运行与维护 B_{45}
	效益风险 A_5	节水方案设计风险 B_{51}
		节水技术效果风险 B_{52}
		节水量测算和预期节水效果测算风险 B_{53}
		节水效益分享风险 B_{54}
		节水合同客户支付诚信风险 B_{55}

（二）确定评价集

根据合同节水管理风险因素的特点和专家对评价指标风险的评分，将因素的风险程度划分为五个评价等级，得到评价集：

$$V=\{风险低,风险较低,风险中等,风险较高,风险高\}$$

各评价集对应的分值分别为：风险低（小于 0.2）、风险较低（大于或等于 0.2 且小于 0.4）、风险中等（大于或等于 0.4 且小于 0.6）、风险较高（大于或等于 0.6 且小于 0.8）、风险高（大于或等于 0.8）。

（三）基于 AHP 的风险评价指标权重

通过专家打分的方法，确定各层因素之间的指标重要程度，并结合因素重要性程度判断标准表（表 2-1）进行赋值，确定两两比较判断矩阵。

1. 因素集评价体系：A 层的评价判断矩阵

A_1、A_2、A_3、A_4、A_5 相对于 U 所得到的评价判断矩阵：

$$U=\begin{pmatrix} & A_1 & A_2 & A_3 & A_4 & A_5 \\ A_1 & 1 & \frac{1}{9} & \frac{1}{3} & \frac{1}{7} & \frac{1}{5} \\ A_2 & 9 & 1 & 7 & 3 & 5 \\ A_3 & 3 & \frac{1}{7} & 1 & \frac{1}{5} & \frac{1}{3} \\ A_4 & 7 & \frac{1}{3} & 5 & 1 & 3 \\ A_5 & 5 & \frac{1}{5} & 3 & \frac{1}{3} & 1 \end{pmatrix}$$

2. 子因素集评价体系：B 层的评价判断矩阵

B_{11}、B_{12}、B_{13}、B_{14} 相对于 A_1 所得到的评价判断矩阵：

$$A_1=\begin{pmatrix} & B_{11} & B_{12} & B_{13} & B_{14} \\ B_{11} & 1 & \frac{1}{5} & \frac{1}{7} & \frac{1}{3} \\ B_{12} & 5 & 1 & \frac{1}{3} & 3 \\ B_{13} & 7 & 3 & 1 & 5 \\ B_{14} & 3 & \frac{1}{3} & \frac{1}{5} & 1 \end{pmatrix}$$

B_{21}、B_{22}、B_{23} 相对于 A_2 所得到的评价判断矩阵：

$$A_2 = \begin{pmatrix} & B_{21} & B_{22} & B_{23} \\ B_{21} & 1 & \frac{1}{3} & 5 \\ B_{22} & 3 & 1 & 7 \\ B_{23} & \frac{1}{5} & \frac{1}{7} & 1 \end{pmatrix}$$

B_{31}、B_{32}、B_{33}、B_{34} 相对于 A_3 所得到的评价判断矩阵：

$$A_3 = \begin{pmatrix} & B_{31} & B_{32} & B_{33} & B_{34} \\ B_{31} & 1 & \frac{1}{3} & 3 & 5 \\ B_{32} & 3 & 1 & 5 & 7 \\ B_{33} & \frac{1}{3} & \frac{1}{5} & 1 & 3 \\ B_{34} & \frac{1}{5} & \frac{1}{7} & \frac{1}{3} & 1 \end{pmatrix}$$

B_{41}、B_{42}、B_{43}、B_{44}、B_{45} 相对于 A_4 所得到的评价判断矩阵：

$$A_4 = \begin{pmatrix} & B_{41} & B_{42} & B_{43} & B_{44} & B_{45} \\ B_{41} & 1 & \frac{1}{5} & \frac{1}{3} & \frac{1}{9} & \frac{1}{7} \\ B_{42} & 5 & 1 & 3 & \frac{1}{5} & \frac{1}{3} \\ B_{43} & 3 & \frac{1}{3} & 1 & \frac{1}{7} & \frac{1}{5} \\ B_{44} & 9 & 5 & 7 & 1 & 3 \\ B_{45} & 7 & 3 & 5 & \frac{1}{3} & 1 \end{pmatrix}$$

B_{51}、B_{52}、B_{53}、B_{54}、B_{55} 相对于 A_5 所得到的评价判断矩阵：

$$A_5 = \begin{pmatrix} & B_{51} & B_{52} & B_{53} & B_{54} & B_{55} \\ B_{51} & 1 & 5 & \frac{1}{3} & 3 & 7 \\ B_{52} & \frac{1}{5} & 1 & \frac{1}{7} & \frac{1}{3} & 3 \\ B_{53} & 3 & 7 & 1 & 5 & 9 \\ B_{54} & \frac{1}{3} & 3 & \frac{1}{5} & 1 & 5 \\ B_{55} & \frac{1}{7} & \frac{1}{3} & \frac{1}{9} & \frac{1}{5} & 1 \end{pmatrix}$$

运用 Matlab 软件计算得到评价判断矩阵的最大特征值和对应的正特

征向量，并进行一致性判断检验，结果如下。

3. 因素集评价体系：*A* 层

评价判断矩阵 U 求解得权重向量为

$$w=(w_1,w_2,w_3,w_4,w_5)^{\mathrm{T}}=(0.0333,0.5128,0.0634,0.2615,0.1290)^{\mathrm{T}}$$

最大特征根为 $\lambda_{\max}=5.2375$。

一致性检验：

$$\mathrm{CI}=\frac{\lambda_{\max}-n}{n-1}=\frac{5.2375-5}{5-1}=0.0594$$

根据评价判断矩阵阶数并查阅 RI 取值表可知：

$$\mathrm{RI}=1.12,\quad \mathrm{CR}=\frac{\mathrm{CI}}{\mathrm{RI}}=0.0530\leqslant 0.1$$

这说明评价判断矩阵 U 符合实际情况，所计算得到的评价指标的权重通过了一致性检验。

4. 子因素集评价体系：*B* 层

评价判断矩阵 A_1 求解得权重向量为

$$w^1=(0.0553,0.2622,0.5650,0.1175)^{\mathrm{T}}$$

最大特征根为 $\lambda_{\max}^1=4.1170$。

一致性检验：

$$\mathrm{CI}_1=\frac{\lambda_{\max}^1-n}{n-1}=\frac{4.1170-4}{4-1}=0.0390$$

根据评价判断矩阵阶数并查阅 RI 取值表可知：

$$\mathrm{RI}_1=0.90,\quad \mathrm{CR}_1=\frac{\mathrm{CI}_1}{\mathrm{RI}_1}=0.0433\leqslant 0.1$$

这说明评价判断矩阵 A_1 符合实际情况，所计算得到的评价指标的权重通过了一致性检验。

评价判断矩阵 A_2 求解得权重向量为

$$w^2=(0.2790,0.6491,0.0719)^{\mathrm{T}}$$

最大特征根为 $\lambda_{\max}^2=3.0649$。

一致性检验

$$\mathrm{CI}_2=\frac{\lambda_{\max}^2-n}{n-1}=\frac{3.0649-3}{3-1}=0.0325$$

根据评价判断矩阵阶数并查阅 RI 取值表可知：

$$\mathrm{RI}_2=0.58,\quad \mathrm{CR}_2=\frac{\mathrm{CI}_2}{\mathrm{RI}_2}=0.0559\leqslant 0.1$$

这说明评价判断矩阵 A_2 符合实际情况，所计算得到的评价指标的权重通过了一致性检验。

评价判断矩阵 A_3 求解得权重向量为

$$w^3=(0.2622,0.5650,0.1175,0.0553)^{\mathrm{T}}$$

最大特征根为 $\lambda_{\max}^3=4.1170$。

一致性检验：

$$\mathrm{CI}_3=\frac{\lambda_{\max}^3-n}{n-1}=\frac{4.1170-4}{4-1}=0.0390$$

根据评价判断矩阵阶数并查阅 RI 取值表可知：

$$\mathrm{RI}_3=0.90,\ \mathrm{CR}_3=\frac{\mathrm{CI}_3}{\mathrm{RI}_3}=0.0433\leqslant 0.1$$

这说明评价判断矩阵 A_3 符合实际情况，所计算得到的评价指标的权重通过了一致性检验。

评价判断矩阵 A_4 求解得权重向量为

$$w^4=(0.0333,0.1290,0.0634,0.5128,0.2615)^{\mathrm{T}}$$

最大特征根为 $\lambda_{\max}^4=5.2375$。

一致性检验：

$$\mathrm{CI}_4=\frac{\lambda_{\max}^4-n}{n-1}=\frac{5.2375-5}{5-1}=0.0594$$

根据评价判断矩阵阶数并查阅 RI 取值表可知：

$$\mathrm{RI}_4=1.12,\ \mathrm{CR}_4=\frac{\mathrm{CI}_4}{\mathrm{RI}_4}=0.0530\leqslant 0.1$$

这说明评价判断矩阵 A_4 符合实际情况，所计算得到的评价指标的权重通过了一致性检验。

评价判断矩阵 A_5 求解得权重向量为

$$w^5=(0.2615,0.0634,0.5128,0.1290,0.0333)^{\mathrm{T}}$$

最大特征根为 $\lambda_{\max}^5=5.2375$。

一致性检验：

$$\mathrm{CI}_5=\frac{\lambda_{\max}^5-n}{n-1}=\frac{5.2375-5}{5-1}=0.0594$$

根据评价判断矩阵阶数并查阅 RI 取值表可知：

$$\mathrm{RI}_5=1.12,\ \mathrm{CR}_5=\frac{\mathrm{CI}_5}{\mathrm{RI}_5}=0.0530\leqslant 0.1$$

这说明评价判断矩阵 A_5 符合实际情况，所计算得到的评价指标的权重通过了一致性检验。

总排序权重 a 如表 6-3 所示，则总排序一致性检验：

$$\mathrm{CR}=\frac{\sum_{i=1}^{5}a_i\mathrm{CI}_i}{\sum_{i=1}^{5}a_i\mathrm{RI}_i}=\frac{0.0390\times0.0333+0.0325\times0.5128+0.0390\times0.0634+0.0594\times0.2615+0.0594\times0.1290}{0.90\times0.0333+0.58\times0.5128+0.90\times0.0634+1.12\times0.2615+1.12\times0.1290}$$

$$=0.0531\leqslant0.1$$

这说明总排序通过了一致性检验，由 AHP 计算出来的合同节水管理风险因素评价指标的权重值是可靠的。

表 6-3 基于 AHP 的合同节水管理风险因素评价指标权重排序表

目标 U	因素集 A	A 层权重 a	子因素集 B	B 层权重
合同节水管理风险因素评价	政策风险 A_1	0.0333	节水法律法规制度变化 B_{11}	0.0553
			节水服务产业发展政策 B_{12}	0.2622
			财政、税收政策的支持 B_{13}	0.5650
			政府采购政策的扶持 B_{14}	0.1175
	融资风险 A_2	0.5128	银行贷款担保 B_{21}	0.2790
			融资成本 B_{22}	0.6491
			通货膨胀 B_{23}	0.0719
	市场风险 A_3	0.0634	合理的用水价格 B_{31}	0.2622
			节水服务市场培育 B_{32}	0.5650
			节水技术进步 B_{33}	0.1175
			信息不对称 B_{34}	0.0553
	运营风险 A_4	0.2615	节水服务公司人力资源储备 B_{41}	0.0333
			节水项目管理执行能力 B_{42}	0.1290
			节水项目资金运营周转 B_{43}	0.0634
			节水项目工程质量 B_{44}	0.5128
			节水项目运行与维护 B_{45}	0.2615
	效益风险 A_5	0.1290	节水方案设计风险 B_{51}	0.2615
			节水技术效果风险 B_{52}	0.0634
			节水量测算和预期节水效果测算风险 B_{53}	0.5128
			节水效益分享风险 B_{54}	0.1290
			节水合同客户支付诚信风险 B_{55}	0.0333

（四）确定风险因素的隶属度

采用专家打分法对上述建立的合同节水管理风险因素评价指标体系进行评价打分，将通过调查问卷和访谈收集到的数据整理后，进行归一化处理，得到合同节水管理风险因素专家评分表，如表 6-4 所示。

表 6-4 合同节水管理风险因素专家评分表

目标 U	因素集 A	子因素集 B	评分				
合同节水管理风险因素评价	政策风险 A_1	节水法律法规制度变化 B_{11}	0.2	0.4	0.1	0.3	0
		节水服务产业发展政策 B_{12}	0.1	0.5	0.2	0.2	0
		财政、税收政策的支持 B_{13}	0.4	0.1	0.3	0.1	0.1
		政府采购政策的扶持 B_{14}	0	0.3	0.2	0.4	0.1
	融资风险 A_2	银行贷款担保 B_{21}	0.1	0.3	0.6	0	0
		融资成本 B_{22}	0.3	0.2	0.2	0	0.3
		通货膨胀 B_{23}	0	0	0	0.1	0.9
	市场风险 A_3	合理的用水价格 B_{31}	0.2	0	0.1	0.1	0.6
		节水服务市场培育 B_{32}	0.3	0.1	0.2	0.3	0.1
		节水技术进步 B_{33}	0.2	0.2	0	0.1	0.5
		信息不对称 B_{34}	0.6	0.1	0.3	0	0
	运营风险 A_4	节水服务公司人力资源储备 B_{41}	0.7	0.1	0.2	0	0
		节水项目管理执行能力 B_{42}	0.3	0.4	0.2	0.1	0
		节水项目资金运营周转 B_{43}	0.1	0.3	0.2	0.4	0
		节水项目工程质量 B_{44}	0	0	0.3	0.1	0.6
		节水项目运行与维护 B_{45}	0	0.2	0.2	0.5	0.1
	效益风险 A_5	节水方案设计风险 B_{51}	0.1	0	0.2	0.5	0.2
		节水技术效果风险 B_{52}	0.4	0.2	0	0.4	0
		节水量测算和预期节水效果测算风险 B_{53}	0.2	0.1	0	0.5	0.2
		节水效益分享风险 B_{54}	0	0.2	0.3	0.5	0
		节水合同客户支付诚信风险 B_{55}	0.5	0.3	0.1	0.1	0

因此，可以得到专家评价的隶属度矩阵：

$$R^1=\begin{pmatrix}0.2 & 0.4 & 0.1 & 0.3 & 0\\ 0.1 & 0.5 & 0.2 & 0.2 & 0\\ 0.4 & 0.1 & 0.3 & 0.1 & 0.1\\ 0 & 0.3 & 0.2 & 0.4 & 0.1\end{pmatrix}$$

$$R^2=\begin{pmatrix}0.1 & 0.3 & 0.6 & 0 & 0\\ 0.3 & 0.2 & 0.2 & 0 & 0.3\\ 0 & 0 & 0 & 0.1 & 0.9\end{pmatrix}$$

$$R^3=\begin{pmatrix}0.2 & 0 & 0.1 & 0.1 & 0.6\\ 0.3 & 0.1 & 0.2 & 0.3 & 0.1\\ 0.2 & 0.2 & 0 & 0.1 & 0.5\\ 0.6 & 0.1 & 0.3 & 0 & 0\end{pmatrix}$$

$$R^4=\begin{pmatrix}0.7&0.1&0.2&0&0\\0.3&0.4&0.2&0.1&0\\0.1&0.3&0.2&0.4&0\\0&0&0.3&0.1&0.6\\0&0.2&0.2&0.5&0.1\end{pmatrix}$$

$$R^5=\begin{pmatrix}0.1&0&0.2&0.5&0.2\\0.4&0.2&0&0.4&0\\0.2&0.1&0&0.5&0.2\\0&0.2&0.3&0.5&0\\0.5&0.3&0.1&0.1&0\end{pmatrix}$$

（五）建立评价模型

模型的选取和建立需考虑到各种风险因素均会对合同节水管理项目造成综合性和多样化的影响。本节结合多方面的信息，考虑到合同节水管理的各风险因素集和因素权重集的评价结果易受专家主观因素影响而具有模糊性。同时，针对合同节水管理项目风险因素影响程度的最终评价这一主要目的，适合采用模糊综合评价模型中的模型五（见第二章第十节）来构建合同节水管理风险因素评价模型。

模型公式为

$$Y^i=\left(w^i\right)^{\mathrm{T}}\cdot R=\left(w_1^i,w_2^i,\cdots,w_{i_m}^i\right)\cdot\begin{pmatrix}r_{11}&r_{12}&\cdots&r_{1N}\\r_{21}&r_{22}&\cdots&r_{2N}\\\vdots&\vdots&&\vdots\\r_{i_m1}&r_{i_m2}&\cdots&r_{i_mN}\end{pmatrix}$$

下面，求解各因素集中的子因素的评价值。

政策风险 A_1 的评价值：

$$Y_1^{\mathrm{T}}=\left(w^1\right)^{\mathrm{T}}\cdot R^1=(0.0553,0.2622,0.5650,0.1175)\cdot\begin{pmatrix}0.2&0.4&0.1&0.3&0\\0.1&0.5&0.2&0.2&0\\0.4&0.1&0.3&0.1&0.1\\0&0.3&0.2&0.4&0.1\end{pmatrix}$$

$$=(0.2633,0.2450,0.2510,0.1725,0.0682)$$

因此，政策风险 A_1 的评价系数为

$$a_1=Y_1^{\mathrm{T}}\cdot V=(0.2633,0.2450,0.2510,0.1725,0.0682)\cdot\begin{pmatrix}0.1\\0.3\\0.5\\0.7\\0.9\end{pmatrix}=0.4075$$

同理可得，融资风险 A_2 的评价值：

$$Y_2^{\mathrm{T}}=\left(w^2\right)^{\mathrm{T}}\cdot R^2=\left(0.2790,0.6491,0.0719\right)\cdot\begin{pmatrix}0.1&0.3&0.6&0&0\\0.3&0.2&0.2&0&0.3\\0&0&0&0.1&0.9\end{pmatrix}$$

$$=\left(0.2226,0.2135,0.2972,0.0072,0.2594\right)$$

因此，融资风险 A_2 的评价系数为

$$a_2=Y_2^{\mathrm{T}}\cdot V=\left(0.2226,0.2135,0.2972,0.0072,0.2594\right)\cdot\begin{pmatrix}0.1\\0.3\\0.5\\0.7\\0.9\end{pmatrix}=0.4735$$

市场风险 A_3 的评价值：

$$Y_3^{\mathrm{T}}=\left(w^3\right)^{\mathrm{T}}\cdot R^3=\left(0.2622,0.5650,0.1175,0.0553\right)\cdot\begin{pmatrix}0.2&0&0.1&0.1&0.6\\0.3&0.1&0.2&0.3&0.1\\0.2&0.2&0&0.1&0.5\\0.6&0.1&0.3&0&0\end{pmatrix}$$

$$=\left(0.2786,0.0855,0.1558,0.2075,0.2726\right)$$

因此，市场风险 A_3 的评价系数为

$$a_3=Y_3^{\mathrm{T}}\cdot V=\left(0.2786,0.0855,0.1558,0.2075,0.2726\right)\cdot\begin{pmatrix}0.1\\0.3\\0.5\\0.7\\0.9\end{pmatrix}=0.5220$$

运营风险 A_4 的评价值：

$$Y_4^{\mathrm{T}}=\left(w^4\right)^{\mathrm{T}}\cdot R^4$$

$$=\left(0.0333,0.1290,0.0634,0.5128,0.2615\right)\cdot\begin{pmatrix}0.7&0.1&0.2&0&0\\0.3&0.4&0.2&0.1&0\\0.1&0.3&0.2&0.4&0\\0&0&0.3&0.1&0.6\\0&0.2&0.2&0.5&0.1\end{pmatrix}$$

$$=\left(0.0684,0.1263,0.2513,0.2203,0.3338\right)$$

因此，运营风险 A_4 的评价系数为

$$a_4 = Y_4^{\mathrm{T}} \cdot V = (0.0684, 0.1263, 0.2513, 0.2203, 0.3338) \cdot \begin{pmatrix} 0.1 \\ 0.3 \\ 0.5 \\ 0.7 \\ 0.9 \end{pmatrix} = 0.6250$$

效益风险 A_5 的评价值：

$$Y_5^{\mathrm{T}} = (w^5)^{\mathrm{T}} \cdot R^5$$

$$= (0.2615, 0.0634, 0.5128, 0.1290, 0.0333) \cdot \begin{pmatrix} 0.1 & 0 & 0.2 & 0.5 & 0.2 \\ 0.4 & 0.2 & 0 & 0.4 & 0 \\ 0.2 & 0.1 & 0 & 0.5 & 0.2 \\ 0 & 0.2 & 0.3 & 0.5 & 0 \\ 0.5 & 0.3 & 0.1 & 0.1 & 0 \end{pmatrix}$$

$$= (0.1707, 0.0998, 0.0943, 0.4803, 0.1549)$$

因此，效益风险 A_5 的评价系数为

$$a_5 = Y_5^{\mathrm{T}} \cdot V = (0.1707, 0.0998, 0.0943, 0.4803, 0.1549) \cdot \begin{pmatrix} 0.1 \\ 0.3 \\ 0.5 \\ 0.7 \\ 0.9 \end{pmatrix} = 0.5698$$

合同节水管理风险因素集的评价系数向量：

$$A^{\mathrm{T}} = (a_1, a_2, a_3, a_4, a_5) = (0.4075, 0.4735, 0.5220, 0.6250, 0.5698)$$

进而，利用该模型计算过程及结果如下。

合同节水管理风险因素的模糊关系矩阵：

$$Y = \begin{pmatrix} Y_1^{\mathrm{T}} \\ Y_2^{\mathrm{T}} \\ Y_3^{\mathrm{T}} \\ Y_4^{\mathrm{T}} \\ Y_5^{\mathrm{T}} \end{pmatrix} = \begin{pmatrix} 0.2633 & 0.2450 & 0.2510 & 0.1725 & 0.0682 \\ 0.2226 & 0.2135 & 0.2972 & 0.0072 & 0.2594 \\ 0.2786 & 0.0855 & 0.1558 & 0.2075 & 0.2726 \\ 0.0684 & 0.1263 & 0.2513 & 0.2203 & 0.3338 \\ 0.1707 & 0.0998 & 0.0943 & 0.4803 & 0.1549 \end{pmatrix}$$

结合因素集 A 的权重，进行二级模糊综合评价，确定合同节水管理一级风险因素的评价向量：

$$U^{\mathrm{T}} = w^{\mathrm{T}} \cdot Y = (0.0333, 0.5128, 0.0634, 0.2615, 0.1290) \cdot \begin{pmatrix} 0.2633 & 0.2450 & 0.2510 & 0.1725 & 0.0682 \\ 0.2226 & 0.2135 & 0.2972 & 0.0072 & 0.2594 \\ 0.2786 & 0.0855 & 0.1558 & 0.2075 & 0.2726 \\ 0.0684 & 0.1263 & 0.2513 & 0.2203 & 0.3338 \\ 0.1707 & 0.0998 & 0.0943 & 0.4803 & 0.1549 \end{pmatrix}$$

$$= (0.1805, 0.1690, 0.2485, 0.1422, 0.2598)$$

可以进一步求出合同节水管理项目的总风险系数：

$$u = U^{\mathrm{T}} \cdot V = (0.1805, 0.1690, 0.2485, 0.1422, 0.2598) \cdot \begin{pmatrix} 0.1 \\ 0.3 \\ 0.5 \\ 0.7 \\ 0.9 \end{pmatrix} = 0.5264$$

结合合同节水管理风险因素评价集可以判断该项目为风险中等。

（六）结果分析

在政策风险 A_1、融资风险 A_2、市场风险 A_3、运营风险 A_4、效益风险 A_5 这五个合同节水管理项目风险因素中，风险权重评价系数最大的是运营风险（0.6250），这表明项目运营是项目成败的关键；其次是效益风险（0.5698）和市场风险（0.5220），而融资风险（0.4735）和政策风险（0.4075）影响相对较小。

对于风险子因素集评价指标，需结合风险因素评价指标权重排序和风险因素专家评分进行综合分析。因此，对合同节水管理项目影响较大的指标有节水方案设计风险 B_{51}，节水量测算和预期节水效果测算风险 B_{53}，节水项目工程质量 B_{44}，节水项目资金运营周转 B_{43}，合理的用水价格 B_{31}，节水技术进步 B_{33}，节水服务市场培育 B_{32}，银行贷款担保 B_{21}，融资成本 B_{22}，财政、税收政策的支持 B_{13}。

因此，在合同节水管理项目实施过程中要重点防范上述指标所涉及的风险，才能有效确保项目的顺利实施。

第三节　基于组合赋权法的合同节水管理风险评价模型

上一节针对合同节水管理项目的风险评价问题，通过建立模糊综合评价模型，分析了合同节水管理项目的风险因素。本节将针对不同合同节水管理项目的风险等级评价问题，构建风险评价模型，以期为节水服务企业的项目选择提供参考。

考虑到 AHP[2]、德尔菲法[3]、网络分析法[4]、二项系数法[5]等方法是基于专家打分的数据进行分析的主观赋权法，优点是可以充分利用该领域专家的所学知识和实践经验，缺点是没有利用历史统计数据。客观赋权法是通过收集到的相关历史数据，根据数据间的变异程度来确定指标权重大小，常用的客观赋权的方法有均方差法[6]、主成分分析法[7]、熵值法[8]等。然而，客观赋权法又过分依赖于历史统计数据，没有充分结合专家的宝贵经验。因此，本节结合主观赋权法的 AHP 和客观赋权法的反熵法（一种改进的熵值法），构建了一种组合赋权的方法，给出了一种评价不同合同节水管理项目风险等级的方法[9]。

假设要评价 m 个不同合同节水管理项目的风险等级，应建立合同节水管理风险因素评价指标体系，利用 AHP 计算主观权重（本章第二节已经介绍，这里不再赘述），下面将重点介绍基于反熵法的客观赋权法，进而构建基于组合赋权法的合同节水管理项目评价模型。

一、基于反熵法的风险评价指标权重

反熵法是熵值法的一种改进方法，是为了避免出现熵值法中指标差异度敏感性较大，导致权重分配时出现指标过小的极端情况[10]，具体步骤如下。

步骤一：原始数据的收集。设有 m 个评估项目，对于每个评估项目都有 n 项评估指标，指标值为 a_{ij}（$i=1,2,\cdots,m$；$j=1,2,\cdots,n$），由各指标得到的原始矩阵记为 $A=\left(a_{ij}\right)_{m\times n}$。

步骤二：数据预处理。为了消除不同指标的不同量纲带来的影响，需对原始数据进行标准化处理。对于正向指标，一般令

$$b_{ij}=\frac{a_{ij}-a_j^{\min}}{a_j^{\max}-a_j^{\min}} \tag{6-1}$$

对于负向指标，一般令

$$b_{ij}=\frac{a_j^{\max}-a_{ij}}{a_j^{\max}-a_j^{\min}} \tag{6-2}$$

其中，$i=1,2,\cdots,m$；$j=1,2,\cdots,n$；$a_j^{\max}$ 和 $a_j^{\min}$ 分别为第 j 个属性 a_j 的最大值和最小值。对原始矩阵处理后，即可得到标准化后的矩阵 $B=\left(b_{ij}\right)_{m\times n}$。

步骤三：确定反熵。根据标准化后的矩阵 B 确定各指标的反熵：

$$h_i = -\sum_{j=1}^{n} r_{ij} \ln\left(1 - r_{ij}\right), \quad i = 1, 2, \cdots, m \tag{6-3}$$

其中，$r_{ij} = b_{ij} \Big/ \sum_{j=1}^{n} b_{ij}$ 。

步骤四：确定权重。权重可由如下公式确定：

$$w_i = \frac{h_i}{\sum_{i=1}^{m} h_i}, \quad i = 1, 2, \cdots, m \tag{6-4}$$

针对给定的 m 个不同合同节水管理项目（不失一般性，本节假定 $m = 10$，结合第二节的指标体系可知 $n = 21$），基于统计数据得到相应子因素指标值，如表 6-5 所示。

表 6-5　不同项目的子因素指标值

子因素	项目 1	项目 2	项目 3	项目 4	项目 5	项目 6	项目 7	项目 8	项目 9	项目 10
B_{11}	1	1	2	1	1	1	3	1	1	1
B_{12}	1	2	1	3	2	2	2	3	2	1
B_{13}	3	1	2	2	2	3	2	1	1	1
B_{14}	1	2	2	3	2	2	2	3	2	1
B_{21}	3	2	3	2	4	2	3	2	3	3
B_{22}	4	3	4	3	5	4	4	3	4	5
B_{23}	2	2	2	4	2	2	3	2	2	2
B_{31}	2	3	3	3	2	2	4	2	4	2
B_{32}	2	3	2	2	3	3	4	2	3	3
B_{33}	2	2	1	2	2	1	2	2	3	2
B_{34}	2	1	1	1	2	3	2	1	1	1
B_{41}	2	1	2	3	2	2	2	3	2	1
B_{42}	3	2	4	2	2	2	2	3	4	2
B_{43}	2	4	2	3	3	2	2	3	2	2
B_{44}	4	3	4	4	3	4	2	2	3	3
B_{45}	4	3	2	3	4	2	3	4	2	5
B_{51}	2	3	3	3	2	2	4	2	4	2
B_{52}	2	1	2	3	1	2	3	2	1	2
B_{53}	3	2	4	4	3	3	2	4	3	3
B_{54}	2	2	1	2	3	3	1	2	4	1
B_{55}	1	2	1	3	2	1	2	1	2	2

将上述数据代入式（6-1）~式（6-4）进行计算，可以得到由反熵法

计算的合同节水管理风险因素评价指标的权重值，如表 6-6 所示。

表 6-6　合同节水管理风险因素评价指标权重排序表

目标 U	因素集 A	A 层 AHP 权重	子因素集 B	B 层 AHP 权重	B 层 AHP 权重排序	B 层反熵法权重排序
合同节水管理风险因素评价	政策风险 A_1	0.0333	节水法律法规制度变化 B_{11}	0.0553	0.0018	0.0398
			节水服务产业发展政策 B_{12}	0.2622	0.0087	0.0502
			财政、税收政策的支持 B_{13}	0.5650	0.0188	0.0494
			政府采购政策的扶持 B_{14}	0.1175	0.0039	0.0501
	融资风险 A_2	0.5128	银行贷款担保 B_{21}	0.2790	0.1431	0.0439
			融资成本 B_{22}	0.6491	0.3328	0.0502
			通货膨胀 B_{23}	0.0719	0.0369	0.0398
	市场风险 A_3	0.0634	合理的用水价格 B_{31}	0.2622	0.0166	0.0482
			节水服务市场培育 B_{32}	0.5650	0.0358	0.0439
			节水技术进步 B_{33}	0.1175	0.0074	0.0439
			信息不对称 B_{34}	0.0553	0.0035	0.0421
	运营风险 A_4	0.2615	节水服务公司人力资源储备 B_{41}	0.0333	0.0087	0.0501
			节水项目管理执行能力 B_{42}	0.1290	0.0337	0.0468
			节水项目资金运营周转 B_{43}	0.0634	0.0166	0.0421
			节水项目工程质量 B_{44}	0.5128	0.1341	0.0691
			节水项目运行与维护 B_{45}	0.2615	0.0684	0.0459
	效益风险 A_5	0.1290	节水方案设计风险 B_{51}	0.2615	0.0337	0.0482
			节水技术效果风险 B_{52}	0.0634	0.0082	0.0502
			节水量测算和预期节水效果测算风险 B_{53}	0.5128	0.0661	0.0581
			节水效益分享风险 B_{54}	0.1290	0.0166	0.0440
			节水合同客户支付诚信风险 B_{55}	0.0333	0.0043	0.0439

二、基于组合赋权法的风险评价指标权重

组合赋权法可充分利用主、客观赋权法的优势，根据不同研究目的建立不同的目标函数，计算主观权重和客观权重的权重系数，得出最终的指标权重。

记由 AHP 得到的主观权重向量为 $w'=\left(w_1',w_2',\cdots,w_n'\right)$，由反熵法得到的客观权重向量为 $w''=\left(w_1'',w_2'',\cdots,w_n''\right)$。为了充分利用主、客观赋权法的优势和得到的权重，首先，定义了反映主、客观权重加权平均偏离程度的函数 $P=\sum_{j=1}^{n}\left(\alpha w_j'-\beta w_j''\right)^2$，$P$ 越小，说明主、客观权重的加权平均偏离程度越小，对二者的利用程度越高，如果 $\alpha=\beta=\dfrac{1}{2}$ 时，说明主、客观权重得到了同等程度的利用，组合赋权法集成了主观赋权法

能充分利用专家经验知识和客观赋权法能充分利用历史数据的优势。因此，为了充分利用主、客观权重，需要最小化函数 P。其次，为了评价不同合同节水管理项目的风险等级，需要对各合同节水管理项目综合风险得分进行排序和区分（即反映各合同节水管理项目综合风险得分的区分程度），因此定义了反映各合同节水管理项目综合风险得分区分程度的函数 $Z=\frac{1}{m}\sum_{i=1}^{m}\left(S_i-\bar{S}\right)^2$，其中 S_i 为第 i 个合同节水管理项目的综合风险得分，$\bar{S}$ 为各合同节水管理项目综合风险的平均得分。因此，函数 Z 反映了各合同节水管理项目综合风险得分的离散程度，Z 越大说明各合同节水管理项目综合风险得分的离散程度越大，区分程度也就越高。所以，需要最大化函数 Z。因此，基于组合赋权法，建立了如下的优化问题：

$$
\begin{cases}
\min P=\sum_{j=1}^{n}\left(\alpha w_j'-\beta w_j''\right)^2 \\
\max Z=\frac{1}{m}\sum_{i=1}^{m}\left(S_i-\bar{S}\right)^2=\frac{1}{m^3}\sum_{i=1}^{m}\begin{pmatrix} m\left[\sum_{j=1}^{n}b_{ij}\left(\alpha w_j'+\beta w_j''\right)\right] \\ -\sum_{i=1}^{m}\left[\sum_{j=1}^{n}b_{ij}\left(\alpha w_j'+\beta w_j''\right)\right]\end{pmatrix}^2
\end{cases}
$$

其中，$\alpha\geqslant 0,\beta\geqslant 0,\alpha+\beta=1$。利用 Python 软件进行计算，得到主观权重和客观权重系数 α、β 分别为 0.3206 和 0.6794，即第 j 个指标的最终综合权重为 $w_j=0.3206w_j'+0.6794w_j''$，各指标具体的综合权重见表 6-7。

表 6-7 合同节水管理风险评价指标组合权重排序表

目标 U	因素集 A	A 层 AHP+反熵法的组合权重	子因素集 B	B 层 AHP+反熵法的组合权重排序
合同节水管理项目风险评价	政府风险 A_1	0.1382	节水法律法规制度变化 B_{11}	0.0273
			节水服务产业发展政策 B_{12}	0.0366
			财政、税收政策的支持 B_{13}	0.0394
			政府采购等政策的扶持 B_{14}	0.0349
	融资风险 A_2	0.2583	银行贷款担保 B_{21}	0.0765
			融资成本 B_{22}	0.1430
			通货膨胀 B_{23}	0.0388
	市场风险 A_3	0.1405	合理的用水价格 B_{31}	0.0379
			节水服务市场培育 B_{32}	0.0412
			节水技术进步 B_{33}	0.0319
			信息不对称 B_{34}	0.0294

续表

目标 U	因素集 A	A 层 AHP+反熵法的组合权重	子因素集 B	B 层 AHP+反熵法的组合权重排序
合同节水管理项目风险评价	运营风险 A_4	0.2565	节水服务企业人力资源储备 B_{41}	0.0365
			节水项目管理执行能力 B_{42}	0.0425
			节水项目资金运营周转 B_{43}	0.0337
			节水项目工程质量 B_{44}	0.0904
			节水项目运行与维护 B_{45}	0.0533
	效益风险 A_5	0.2065	节水方案设计风险 B_{51}	0.0434
			节水技术效果风险 B_{52}	0.0364
			节水量测算和预期节水效果测算风险 B_{53}	0.0608
			节水效益分享风险 B_{54}	0.0350
			节水合同客户支付诚信风险 B_{55}	0.0309

三、基于组合赋权法的综合风险得分模型

利用组合赋权法，可得到如下计算第 i 个合同节水管理项目的综合风险得分模型：

$$S_i = \sum_{j=1}^{n} b_{ij} w_j = \sum_{j=1}^{n} b_{ij} \left(\alpha w'_j + \beta w''_j \right), \quad i = 1, 2, \cdots, 10$$

由该综合风险得分模型可计算出各个合同节水管理项目风险的整体得分情况（表 6-8），得分越高表示该合同节水管理项目的风险等级越高。

表 6-8　不同合同节水管理项目的风险得分情况

类型	政策风险	融资风险	市场风险	运营风险	效益风险	风险总得分
项目 1	0.0989	0.1486	0.1098	0.0910	0.1463	0.5944
项目 2	0.1025	0.2583	0.0849	0.1598	0.1577	0.7631
项目 3	0.0874	0.1486	0.1215	0.1053	0.1058	0.5686
项目 4	0.0470	0.2194	0.1056	0.0949	0.0451	0.5119
项目 5	0.0828	0.0388	0.0891	0.1406	0.1374	0.4887
项目 6	0.0631	0.1868	0.0904	0.1478	0.1346	0.6226
项目 7	0.0554	0.1291	0.0307	0.2204	0.1112	0.5469
项目 8	0.0667	0.2583	0.1245	0.1463	0.1159	0.7116
项目 9	0.1025	0.1486	0.0501	0.1505	0.0822	0.5338
项目 10	0.1382	0.0771	0.1038	0.1580	0.1425	0.6196

四、结果分析

由表 6-8 可以发现，从项目的整体风险来看，项目 2 的风险总得分最

高，表明该项目的风险最高；项目 5 的风险总得分最低，表明该项目整体风险最低，其余项目的风险程度居中。此外，从 10 个项目的政策、融资、市场、运营、效益 5 个方面风险来看，项目 4 的政策风险最低，项目 5 融资风险最低，项目 7 市场风险最低，项目 1 运营风险最低，项目 4 效益风险最低。因此，不同节水服务企业可依据自身实际情况，参考不同的合同节水管理项目风险评价情况进行项目选择和投资。

参 考 文 献

[1] Haimes Y Y. Hierarchical holographic modeling[J]. IEEE Transactions on System，Man，and Cybernetics，1981，11（9）：606-617.

[2] Saaty T. The Analytic Hierarchy Process[M]. New York：McGraw Hill，1980.

[3] Sharareh K，Behzad R，Bac D. Application of Delphi method in identifying，ranking，and weighting project complexity indicators for construction projects[J]. Journal of Legal Affairs and Dispute Resolution in Engineering and Construction，2020，12（1）：04519033.

[4] Abbasi S，Gilani N，Javanmardi M，et al. Prioritizing the indicators influencing the permit to work system efficiency based on analytic network process[J]. International Journal of Occupational Safety and Ergonomics，2020：1-25.

[5] 刘富强，鲁志航，吕呈新，等. 基于组合赋权法的抽蓄工程开挖工期影响因素分析[J]. 水电与新能源，2017，6：40-43，72.

[6] 朱靖，余玉冰，王淑. 岷沱江流域水环境治理绩效综合评价方法研究[J]. 长江流域资源与环境，2020，29（9）：1995-2004.

[7] Huang D Y，Tseng S T. A decision procedure for determining the number of components in principal component analysis[J]. North-Holland，1992，30（1）：28-32.

[8] 张延风，刘建书，张士峰. 基于层次分析法和熵值法的目标多属性威胁评估[J]. 弹箭与制导学报，2019，39（2）：163-165.

[9] Chen J，Zhang L，Zhang F，et al. A combination weighting method for the risk evaluation of water saving management contract[J]. Journal of Uncertain Systems，2022，in press.

[10] 张海瑞，韩冬，刘玉娇，等. 基于反熵权法的智能电网评价[J]. 电力系统保护与控制，2012，40（11）：24-29.

第七章　中国合同节水管理的节水潜力与市场资本需求

通过第四章不同模式的合同节水管理实践案例研究发现，尽管合同节水管理取得了显著的成效和经验，但在实施过程中也还存在诸多问题。第五章和第六章针对合同节水管理案例研究中存在的利益分配和风险评价问题进行了理论研究，本章将对我国的节水潜力和节水市场资本需求进行分析。

第一节　节 水 潜 力

节水潜力是以各行业（或作物）通过综合节水措施所能达到的节水指标为参照标准，分析当前用水量与节水指标的差值，并根据现状发展的实物量指标计算可能达到的最大节水量。具体做法是在当前各领域用水水平的基础上，分析各部门和各行业（或作物）的用水水平及实物量指标，同时，结合各地区分类（或作物）节水指标，计算各地区和各行业（或作物）用水指标与节水指标之差，从而估算节水潜力[1]。

本节节水潜力分析主要以 2018 年相关节水数据为基准年数据，参考《全国水资源综合规划技术细则》和《节水型社会建设规划编制导则》中的相关计算方法，选择有代表性的农业高效节水灌溉领域、工业节水领域及城市生活节水领域，作为节水潜力分析的研究对象[2, 3]，对 2025 年中国农业、工业、城市生活的节水潜力进行预测，从而为相关部门推行合同节水管理、促进节水服务产业发展提供数据支撑和决策依据。

一、农业节水潜力

（一）农业用水量预测

通过采取节水措施，农田灌溉水有效利用系数逐年增加，我国农业用水量有逐年减少的趋势。

虽然我国农业用水量正逐年减少，但是由于各种原因个别年份的农业用水量会增加。因此，分析农业节水潜力，首先要分析今后我国农业用水变化的趋势，为农业节水潜力分析奠定基础。

利用第二章第八节灰色系统 GM(1,1)模型预测 2025 年我国农业用水量，步骤如下。

1. 步骤一：数据检验

记 2010~2019 年我国农业用水量分别为 $x^{(0)}(1), x^{(0)}(2), \cdots, x^{(0)}(10)$，构造参考序列 $x^{(0)}=\left(x^{(0)}(1), x^{(0)}(2), \cdots, x^{(0)}(10)\right)$，经检验级比符合要求，参考序列 $x^{(0)}$ 可以用来建立 GM(1,1)模型。

2. 步骤二：模型建立与求解

构造累加序列：

$$\begin{aligned} x^{(1)} &= \left(x^{(1)}(1), x^{(1)}(2), \cdots, x^{(1)}(10)\right) \\ &= \left(x^{(0)}(1), x^{(0)}(1)+x^{(0)}(2), \cdots, x^{(0)}(1)+\cdots+x^{(0)}(10)\right) \end{aligned}$$

和 $x^{(1)}$ 的均值生成序列：

$$z^{(1)}=\left(z^{(1)}(2), z^{(1)}(3), \cdots, z^{(1)}(10)\right)$$

其中，$z^{(1)}(k)=0.5x^{(1)}(k)+0.5x^{(1)}(k-1)$，$k=2,3,\cdots,10$。

将

$$Y=\begin{bmatrix} x^{(0)}(2) \\ x^{(0)}(3) \\ \vdots \\ x^{(0)}(10) \end{bmatrix}, \ B=\begin{bmatrix} -z^{(1)}(2) & 1 \\ -z^{(1)}(3) & 1 \\ \vdots & \vdots \\ -z^{(1)}(10) & 1 \end{bmatrix}$$

代入 $\hat{u}=\left(\hat{a}, \hat{b}\right)^{\mathrm{T}}=\left(B^{\mathrm{T}}B\right)^{-1}B^{\mathrm{T}}Y$，得到参数的估计值：

$$\hat{u}=\left(\hat{a}, \hat{b}\right)^{\mathrm{T}}=\left(B^{\mathrm{T}}B\right)^{-1}B^{\mathrm{T}}Y=\begin{bmatrix} 0.005\,53 \\ 3915.1 \end{bmatrix}$$

通过

$$\hat{x}^{(1)}(k+1)=\left(x^{(0)}(1)-\frac{\hat{b}}{\hat{a}}\right)\mathrm{e}^{-\hat{a}k}+\frac{\hat{b}}{\hat{a}}, \quad k=0,1,2,\cdots,9$$

得到累加生成序列的预测值 $\hat{x}^{(1)}$，进而得到 2010~2025 年我国农业用水量的预测值 $\hat{x}^{(0)}$，见表 7-1。

表 7-1　2010~2025 年我国农业用水量实际值与预测值

年份	实际值/亿 m^3	预测值/亿 m^3	相对误差	级比偏差
2010	3691.49	3691.49	0	0
2011	3743.50	3883.95	3.75%	0.0375
2012	3899.44	3862.53	0.95%	0.0453
2013	3920.28	3841.24	2.02%	0.0108
2014	3870.33	3820.06	1.30%	0.0073
2015	3851.12	3799.00	1.35%	0.0006
2016	3768.00	3778.05	0.27%	0.0164
2017	3766.40	3757.22	0.24%	0.0051
2018	3693.10	3736.51	1.18%	0.0142
2019	3682.30	3715.91	0.91%	0.0026
2020		3695.42		
2025		3594.67		

3. 步骤三：模型检验与预测

根据误差检验公式，求出预测的相对误差和级比偏差，根据表 7-1 可知，它们的值均小于 0.1，所以预测模型精度为优，可以用来预测。

通过使用灰色系统 GM(1,1)模型预测 2025 年我国农业用水量为 3594.67 亿 m^3，比 2019 年我国农业用水量少 87.63 亿 m^3，因此，我国农业用水存在很大的节水空间，如果进行合同节水管理，有望能够节约大量农业用水。

（二）农业节水潜力测算

农业节水潜力是指种植业、林牧渔业用水现状与节水指标实现条件下灌溉定额之间的差距。农业节水指标包括需水量大的农作物（如水稻、小麦、棉花、蔬菜等）、高水平节水条件下林果地、草场等的灌溉定额，可能达到的灌区（分井灌区、渠灌区、井渠混合灌区）灌溉水利用系数，以及牲畜、渔业节水定额等。由于耕地灌溉用水约占农业用水总量的 90%，基本代表中国农业用水情况，因此，一般以耕地灌溉节水潜力代替农业节水潜力。

根据《中国水资源公报 2018》[4]的数据，2018 年全国农业用水量为 3693.1 亿 m^3，耕地实际灌溉亩均用水量 365m^3，农田灌溉水有效利用系数 0.554。根据《中国统计年鉴 2019》[5]的数据，全国农田灌溉面积 68.27 万 km^2。2011~2018 年全国灌溉水有效利用系数如表 7-2 所示。

表 7-2　2011~2018 年全国灌溉水有效利用系数

项目	2011 年	2012 年	2013 年	2014 年	2015 年	2016 年	2017 年	2018 年
灌溉水有效利用系数	0.510	0.516	0.524	0.530	0.536	0.542	0.548	0.554

分析发现，相关年份 x 与对应的灌溉水有效利用系数 y 大致呈线性增

长趋势，因此用一元线性回归进行拟合，具体步骤如下。

1. 步骤一：变量间相关系数及检验

从表 7-3 中可知自变量（年份）与因变量（灌溉水有效利用系数）的相关系数为 0.9992（接近 1），说明二者线性关系显著，可以用线性回归模型进行拟合，拟合散点图如图 7-1 所示。

表 7-3 相关系数

项目		年份	灌溉水有效利用系数
年份	皮尔森（Pearson）相关	1	0.9992
	显著性（双尾）		0.0000
	样本数量	8	8
灌溉水有效利用系数	皮尔森（Pearson）相关	0.9992	1
	显著性（双尾）	0.0000	
	样本数量	8	8

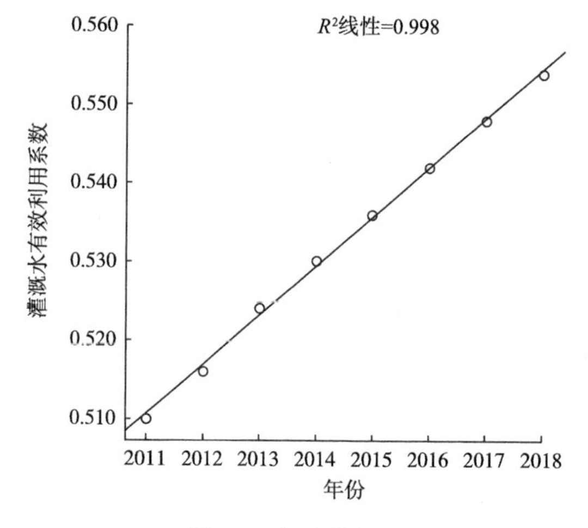

图 7-1 拟合散点图

2. 步骤二：模型的拟合程度及线性检验

表 7-4 为模型拟合程度的方差分析表。从表 7-4 可以发现：F 统计量的 p 值为 0.0000，小于给定的显著性水平 α（0.05），说明模型的线性回归拟合效果非常好。

表 7-4 方差分析

项目	平方和	自由度	平均值平方	F 值	p 值
回归	0.0017	1	0.0017	3872.0000	0.0000
残差	0.0000	6	0.0000		
总计	0.0017	7			

3. 步骤三：回归系数及检验

表 7-5 列出了模型的回归系数及相关检验结果。从表 7-5 可知，该线性回归模型为 $y=-12.1301+0.0063x$，其中，回归系数 0.0063 的 t 检验统计量值为 62.2254，对应的 p 值为 0.0000，小于给定的显著性水平 α（0.05），说明该回归系数通过了检验，求得的线性回归模型为 $y=-12.1301+0.0063x$，因此，计算得到 2025 年全国灌溉水有效利用系数为 $-12.1301+0.0063\times2025=0.6274$。

表 7-5　回归系数

项目	非标准化系数		标准化系数	t	p 值
	B	标准差	Beta		
常数	−12.1301	0.2035		−59.6086	0.0000
回归系数	0.0063	0.0001	0.9992	62.2254	0.0000

按照灌溉定额分析的思路，农业节水潜力计算公式为[6]

$$W_{农业节水}=A_{现,灌溉面积}\left(\frac{Q_{现,净定额}}{\mu_{现,灌溉水有效利用系数}}-\frac{Q_{规,净定额}}{\mu_{规,灌溉水有效利用系数}}\right) \quad (7\text{-}1)$$

其中，$W_{农业节水}$ 为农业节水潜力（单位：亿 m^3）；$A_{现,灌溉面积}$ 为现状年的有效灌溉面积（单位：万 km^2）；$Q_{现,净定额}=Q_{现,毛定额}\times\mu_{现,灌溉水有效利用系数}$，$Q_{现,净定额}$ 为现状年净灌溉定额（单位：万 m^3/km^2），$Q_{现,毛定额}$ 为现状年毛灌溉定额（单位：万 m^3/km^2），$\mu_{现,灌溉水有效利用系数}$ 为现状年灌溉水有效利用系数；$Q_{规,净定额}=Q_{规,毛定额}\times\mu_{规,灌溉水有效利用系数}$，$Q_{规,净定额}$ 为规划年净灌溉定额（单位：万 m^3/km^2），$Q_{规,毛定额}$ 为规划年毛灌溉定额（单位：万 m^3/km^2），$\mu_{规,灌溉水有效利用系数}$ 为规划年灌溉水有效利用系数。

2018 年，全国耕地实际灌溉用水量 54.72 万 m^3/km^2，即 $Q_{现,毛定额}=54.72$ 万 m^3/km^2，根据现状年灌溉水有效利用系数与规划年灌溉水有效利用系数的比例计算可得 $Q_{规,毛定额}=(54.72\times0.554)/0.627=48.35$ 万 m^3/km^2。

根据式（7-1）可知，2025 年农业节水潜力为

$$68.27\times(54.72\times0.554/0.554-48.35\times0.627/0.627)=434.88\text{亿 } m^3$$

二、工业节水潜力

（一）工业用水量预测

通过调整工业结构和产业优化升级、逐步提高水价、提高工业用水重复利用率和推广先进的用水工艺与技术等措施，全国工业用水重复利用率

正逐年增加，节水潜力巨大，因此，分析工业节水潜力，先要分析今后我国工业用水变化的趋势，为工业节水潜力分析奠定基础。

使用灰色系统 GM(1,1)模型预测 2025 年我国工业用水量，步骤如下。

1. 步骤一：数据检验

记 2010~2019 年我国工业用水量分别为 $x^{(0)}(1), x^{(0)}(2), \cdots, x^{(0)}(10)$，构造参考序列 $x^{(0)} = \left(x^{(0)}(1), x^{(0)}(2), \cdots, x^{(0)}(10)\right)$，经检验级比符合要求，参考序列 $x^{(0)}$ 可以用来建立 GM(1,1)模型。

2. 步骤二：模型建立与求解

构造累加序列：

$$
\begin{aligned}
x^{(1)} &= \left(x^{(1)}(1), x^{(1)}(2), \cdots, x^{(1)}(10)\right) \\
&= \left(x^{(0)}(1), x^{(0)}(1) + x^{(0)}(2), \cdots, x^{(0)}(1) + \cdots + x^{(0)}(10)\right)
\end{aligned}
$$

和 $x^{(1)}$ 的均值生成序列：

$$
z^{(1)} = \left(z^{(1)}(2), z^{(1)}(3), \cdots, z^{(1)}(10)\right)
$$

其中，$z^{(1)}(k) = 0.5x^{(1)}(k) + 0.5x^{(1)}(k-1)$，$k = 2,3,\cdots,10$。

将

$$
Y = \begin{bmatrix} x^{(0)}(2) \\ x^{(0)}(3) \\ \vdots \\ x^{(0)}(10) \end{bmatrix}, \quad B = \begin{bmatrix} -z^{(1)}(2) & 1 \\ -z^{(1)}(3) & 1 \\ \vdots & \vdots \\ -z^{(1)}(10) & 1 \end{bmatrix}
$$

代入 $\hat{u} = \left(\hat{a}, \hat{b}\right)^{\mathrm{T}} = \left(B^{\mathrm{T}}B\right)^{-1} B^{\mathrm{T}}Y$，得到参数的估计值：

$$
\hat{u} = \left(\hat{a}, \hat{b}\right)^{\mathrm{T}} = \left(B^{\mathrm{T}}B\right)^{-1} B^{\mathrm{T}}Y = \begin{bmatrix} 0.0205 \\ 1490.3 \end{bmatrix}
$$

通过

$$
\hat{x}^{(1)}(k+1) = \left(x^{(0)}(1) - \frac{\hat{b}}{\hat{a}}\right)\mathrm{e}^{-\hat{a}k} + \frac{\hat{b}}{\hat{a}}, \quad k = 0,1,2,\cdots,9
$$

得到累加生成序列的预测值 $\hat{x}^{(1)}$，进而得到 2010~2025 年我国工业用水量的预测值 $\hat{x}^{(0)}$，见表 7-6。

3. 步骤三：模型检验与预测

根据误差检验公式，求出预测的相对误差和级比偏差，如表 7-6 所示，它们的值均小于 0.1，所以预测模型精度为优，可以用来预测。

表 7-6　2010~2025 年我国工业用水量实际值与预测值

年份	实际值/亿 m^3	预测值/亿 m^3	相对误差	级比偏差
2010	1445.28	1445.28	0	0
2011	1461.80	1445.81	1.09%	0.0109
2012	1379.52	1416.48	2.68%	0.0381
2013	1409.82	1387.74	1.57%	0.0414
2014	1353.09	1359.58	0.48%	0.0208
2015	1336.60	1331.99	0.34%	0.0082
2016	1308.00	1304.97	0.23%	0.0011
2017	1277.00	1278.49	0.12%	0.0035
2018	1261.60	1252.55	0.72%	0.0083
2019	1217.65	1227.13	0.78%	0.0151
2020		1202.23		
2025		1085.12		

通过使用灰色系统 GM(1,1)模型预测 2025 年我国工业用水量为 1085.12 亿 m^3，比 2019 年用水量少 132.53 亿 m^3，因此，我国工业用水存在很大的节水空间，如果进行合同节水管理，预期可节约大量工业用水。

（二）工业节水潜力测算

工业节水潜力是指在一定的技术、经济和社会条件下，通过更换技术设备、实施污废水重复利用和再生利用所能够实现的节水量。工业节水指标包括火（核）电、冶金、石化、纺织、造纸、其他一般工业的节水定额，各行业要求达到的水重复利用率等。

测算工业节水潜力通常有增长率法、万元增加值指标法、重复利用率提高法等方法。工业用水重复利用率可以比较清晰地反映工业节水潜力，而通过万元工业增加值用水量变化来分析工业节水潜力，则需进一步考虑工业供水管网漏损等因素。然而在城镇生活节水潜力分析中也包含了部分工业供水管网漏损的数据，这样会造成数据重复，因此本节工业节水潜力采用工业用水重复利用率提高法进行计算。按照《全国水资源综合规划》要求，通过调整工业结构和产业优化升级、逐步提高水价、提高工业用水重复利用率和推广先进的用水工艺与技术等措施，全国工业用水重复利用率（指在一定的计量时间内，生产过程中使用的重复利用水量与总用水量之比）要从 2008 年的 62%提高到 2030 年的 86%左右，达到同类地区国际先进水平，需要减少生产中取用的新水量，增加重复利用水量。

采用和文献[6]类似的思路，通过规划目标的线性内插趋势分析，2018年的全国工业用水重复利用率约为72.91%，而到2025年约为80.55%。根据《中国水资源公报2018》的数据，2018年的全国工业用水量为1261.6亿m^3，占用水总量的21.0%。按照工业用水重复利用率提高法的分析思路，工业节水潜力为现状年工业取用水量减去规划年工业取用水量，现状年和规划年工业总用水量不变，计算规划年工业取用水量[6]，即

$$W_{工业总用水}=\frac{W_{现,工业取水}}{1-\mu_{现,工业用水重复利用率}}=\frac{W_{规,工业取水}}{1-\mu_{规,工业用水重复利用率}}$$

其中，$W_{工业总用水}$为现状年和规划年的工业总用水量（单位：亿m^3）；$W_{现,工业取水}$为现状年工业取用水量（单位：亿m^3）；$W_{规,工业取水}$为规划年工业取用水量（单位：亿m^3）；$\mu_{现,工业用水重复利用率}$为现状年工业用水重复利用率；$\mu_{规,工业用水重复利用率}$为规划年工业用水重复利用率。

工业节水潜力计算公式为[6]

$$\begin{aligned}W_{工业节水}&=W_{现,工业取水}-W_{规,工业取水}\\&=W_{现,工业取水}-W_{现,工业取水}\times\frac{1-\mu_{规,工业用水重复利用率}}{1-\mu_{现,工业用水重复利用率}}\end{aligned}\tag{7-2}$$

其中，$W_{工业节水}$为工业节水潜力（单位：亿m^3）。

2018年现状年工业取水量为1261.6亿m^3，根据式（7-2）可得，2025年工业节水潜力为$1261.6-1261.6\times(1-0.8055)/(1-0.7291)=355.80$亿$m^3$。

三、城镇生活节水潜力

城镇生活节水潜力是各类城镇生活用水定额与节水指标实现条件下定额、城市管网输水损失等的差值，是估计城镇节水效益的一项重要数据。城镇生活节水的两大主体为市政公共服务用水和城镇居民家庭用水。市政公共服务用水包括城市环卫、学校、消防、医院等用水，城镇居民家庭用水（如饮用水和洗涤等）是用以维持日常生活的家庭和个人用水。城镇居民生活用水定额与城镇人口数量增加、居民收入增加、生活水平的提高等因素大致呈线性增长，需要同时考虑城镇居民生活用水定额的变化和管网损失率的变化，才能全面准确地对城镇生活节水潜力进行分析。因此，城镇生活节水潜力主要从公共供水管网漏损率降低的节水潜力和节水器具普及率提高的节水潜力两个方面进行考虑。

（一）城镇生活用水漏损水量预测

历年统计数据显示，随着我国经济、社会发展，城镇生活用水量逐年增大，其中漏损水量也逐年增大，浪费严重。通过改造公共供水管网，增加相应节水技术，公共供水管网漏损率会明显降低，因此，其节水潜力巨大。

使用灰色系统 GM(1,1)模型预测 2025 年我国生活用水漏损水量，步骤如下。

1. 步骤一：数据检验

记 2010~2019 年的我国工业用水量分别为 $x^{(0)}(1),x^{(0)}(2),\cdots,x^{(0)}(10)$，构造参考序列 $x^{(0)}=\left(x^{(0)}(1),x^{(0)}(2),\cdots,x^{(0)}(10)\right)$，经检验级比符合要求，参考序列 $x^{(0)}$ 可以用来建立 GM(1,1)模型。

2. 步骤二：模型建立与求解

构造累加序列：

$$
\begin{aligned}
x^{(1)}&=\left(x^{(1)}(1),x^{(1)}(2),\cdots,x^{(1)}(10)\right)\\
&=\left(x^{(0)}(1),x^{(0)}(1)+x^{(0)}(2),\cdots,x^{(0)}(1)+\cdots+x^{(0)}(10)\right)
\end{aligned}
$$

和 $x^{(1)}$ 的均值生成序列：

$$z^{(1)}=\left(z^{(1)}(2),z^{(1)}(3),\cdots,z^{(1)}(10)\right)$$

其中，$z^{(1)}(k)=0.5x^{(1)}(k)+0.5x^{(1)}(k-1)$，$k=2,3,\cdots,10$。

将

$$Y=\begin{bmatrix}x^{(0)}(2)\\x^{(0)}(3)\\\vdots\\x^{(0)}(10)\end{bmatrix},\ B=\begin{bmatrix}-z^{(1)}(2)&1\\-z^{(1)}(3)&1\\\vdots&\vdots\\-z^{(1)}(10)&1\end{bmatrix}$$

代入 $\hat{u}=\left(\hat{a},\hat{b}\right)^{\mathrm{T}}=\left(B^{\mathrm{T}}B\right)^{-1}B^{\mathrm{T}}Y$，得到参数的估计值：

$$\hat{u}=\left(\hat{a},\hat{b}\right)^{\mathrm{T}}=\left(B^{\mathrm{T}}B\right)^{-1}B^{\mathrm{T}}Y=\begin{bmatrix}-0.0271\\74.9742\end{bmatrix}$$

通过

$$\hat{x}^{(1)}(k+1)=\left(x^{(0)}(1)-\frac{\hat{b}}{\hat{a}}\right)\mathrm{e}^{-\hat{a}k}+\frac{\hat{b}}{\hat{a}},\quad k=0,1,2,\cdots,9$$

得到累加生成序列的预测值 $\hat{x}^{(1)}$，进而得到 2010~2025 年我国生活用水漏损水量的预测值 $\hat{x}^{(0)}$，见表 7-7。

表 7-7 2010~2025 年我国生活用水漏损水量实际值与预测值

年份	实际值/亿 m^3	预测值/亿 m^3	相对误差	级比偏差
2010	70.90	70.90	0	0
2011	77.28	77.95	0.87%	0.0091
2012	80.59	80.10	0.61%	0.0143
2013	82.45	82.30	0.18%	0.0047
2014	84.09	84.56	0.56%	0.0078
2015	86.21	86.89	0.79%	0.0026
2016	90.66	89.28	1.52%	0.0225
2017	92.02	91.74	0.31%	0.0127
2018	95.31	94.26	1.10%	0.0076
2019	95.37	96.86	1.56%	0.0272
2020		99.52		
2025		113.99		

3. 步骤三：模型检验与预测

根据误差检验公式，求出预测的相对误差和级比偏差，如表 7-7 所示，它们的值均小于 0.1，所以预测模型精度为优，可以用来预测。

通过使用灰色系统 GM(1,1)模型预测 2025 年我国生活用水漏损水量为 113.99 亿 m^3，预测结果为我国生活用水漏损水量正逐年增大，浪费严重，因此，我国生活用水存在很大的节水空间，如果进行合同节水管理，采用先进的节水技术，降低生活用水漏损水量，必定能够节约大量城镇生活用水。

（二）公共供水管网节水潜力

根据《中国城乡建设统计年鉴 2018》和《中国城市建设统计年鉴 2018》，2018 年供水量为 874.9 亿 m^3，用水人口为 8.25 亿人，其中，城市供水量为 614.62 亿 m^3，公共供水量为 559.41 亿 m^3，漏损水量为 81.79 亿 m^3，用水人口为 5.03 亿人；县城供水量为 114.51 亿 m^3，公共供水量为 100.36 亿 m^3，漏损水量为 13.52 亿 m^3，用水人口为 1.47 亿。2018 年市县的公共供水量和管网漏损量分别为 659.77 亿 m^3 和 95.31 亿 m^3，公共供水管网漏损率为 14.45%。由于市县公共供水量和管网漏损量所占比重较大，所以 2018 年公共供水管网漏损率选取 14.45%。按照《国务院全国水资源综合规划（2010—2030 年）的批复》中 2030 年全国平均城镇供水管网漏损率 11%的规划目标，通过 2018 年和 2030 年公共供水管网漏损率的规划数据，采用和文献[6]类似的思路，利用线性内插趋势分析得出 2025 年的公共供水管网漏损率约为 12.44%。2018 年城市公共供水量为 659.77 亿 m^3，按照现状水平年与规划水平年实际生活用水量相等，得出公共供水管网节水潜力计算公式为[6]

$$\begin{aligned} W_{供水管网} &= W_{现,供水量} - W_{规,供水量} \\ &= W_{现,供水量} - W_{现,供水量}\left(1-\eta_{现,漏损率}\right)/\left(1-\eta_{规,漏损率}\right) \end{aligned} \quad (7\text{-}3)$$

其中，$W_{供水管网}$ 为供水管网节水潜力（单位：亿 m^3）；$W_{现,供水量}$ 为现状水平年公共供水量（单位：亿 m^3）；$W_{规,供水量}$ 为规划水平年公共供水量（单位：亿 m^3）；$\eta_{现,漏损率}$ 为现状水平年供水管网漏损率；$\eta_{规,漏损率}$ 为规划水平年供水管网漏损率。

根据式（7-3）可得，2025 年公共供水管网节水潜力为 $659.77-659.77\times\left(\left(1-0.1445\right)/\left(1-0.1244\right)\right)=15.15$ 亿 m^3。

（三）节水型器具节水潜力

节水型器具与普通器具相比可节水 30%~40%，节水型器具的使用是城镇生活节水的重要措施之一。《节水型社会建设“十三五”规划》中要求加大力度研发和推广应用节水型设备和器具，禁止生产、销售不符合节水标准的产品、设备。推进节水产品企业质量分类监管，以生活节水器具和农业节水设备为监管重点，逐步扩大监督范围，推进节水产品推广普及[7]。目前缺乏全国的节水型器具普及率的数据，且各个城市的节水型器具普及率也参差不齐，大部分省级行政区《节水型社会建设“十二五”规划》中要求节水型器具提高 10%左右，综合考虑实际情况取平均值，每年节水型器具普及率提升 2%左右[5]，则 2025 年比 2018 年节水型器具提高 14%左右。根据《中国统计年鉴 2019》，2018 年全国城镇人口为 8.3137 亿人。因而，节水型器具节水潜力计算公式为[6]

$$W_{器具} = R \times J \times 365/1000 \times (\eta_{规,器具} - \eta_{现,器具}) \quad (7\text{-}4)$$

其中，$W_{器具}$ 为采用节水器具的节水潜力（单位：亿 m^3）；R 为城镇人口（单位：亿人）；J 为节水器具平均日可节水量，取 28L/d；$\eta_{规,器具}$ 为规划年的节水器具普及率；$\eta_{现,器具}$ 为现状年的节水器具普及率。

根据式（7-4）可得，2025 年节水型器具节水潜力为 $8.3137\times28\times365/1000\times0.14=11.90$ 亿 m^3。

由综合公共供水管网节水潜力和节水型器具节水潜力数据可知，2025 年我国城市生活节水潜力为 27.05 亿 m^3。

第二节　节水市场资本需求

上一节对我国的节水潜力进行了详细和深入的测算，分析了合同节水管理的发展空间。然而，合同节水管理能否很好地推行，还取决于市场是否有需求。因此，本节将对农业节水市场、工业节水市场、城镇生活用水市场、水生态治理节水市场的需求进行测算，从而为合同节水管理的推广和实施提供必要的数据支撑。

一、农业节水市场资本需求

根据《全国大中型灌区续建配套节水改造实施方案（2016—2020 年）》的数据，我国共有设计灌溉面积 30 万亩及以上的灌区 456 处，有效灌溉面积 2.8 亿亩，占全国耕地面积的 15%，灌区内生产的粮食产量、农业总产值均超过全国总量的 1/4，是我国粮食安全的重要保障和农业农村经济社会发展的重要支撑。

根据《全国大型灌区续建配套和节水改造规划（2009—2020 年）》的要求，到 2020 年，纳入规划的 434 处大型灌区新增灌溉面积 2.73 万 km^2，全国大型灌区灌溉面积达到 20.33 万 km^2，较 2008 年增加节水能力 227 亿 m^3；规划投资 2220 亿元，骨干工程规划投资和田间工程投资分别为 1352 亿元和 868 亿元，单位节水量投资分别为 5.84 元/ m^3 和 3.74 元/ m^3，平均单位节水投入为 9.58 元/ m^3，平均投入成本基本与 2015 年相当[5]。根据《中国统计年鉴 2019》，2015~2018 年的居民消费价格增长指数分别为 1.4、2.0、1.6 和 2.1，2018 年单位节水投入为 $9.58\times1.02\times1.016\times1.021=10.14$ 元/m^3，按照居民消费价格增长指数均值 1.8 进行测算，2025 年单位节水投入为 $10.14\times1.018^7=11.49$ 元/m^3。基于前面农业节水潜力测算数据，到 2025 年我国农业节水潜力为 434.88 亿 m^3。综合分析大型灌区骨干工程续建配套节水技术改造案例和相关研究结果，在当时水价水平和管理条件下，我国 2025 年农业节水投入约为 $11.49\times434.88/7=713.82$ 亿元。考虑到近年来中央鼓励社会资本投资农业节水项目建设，2025 年如果有 40%的农业节水项目引入社会资本，针对合同节水市场的年均投入将为 285.53 亿元。

农业节水市场的资本投入可带来明显的经济、社会和生态效益。据测算，依据大型灌区农业灌溉平均现行水价 0.25 元/m^3 [9]，2025 年产生的节水直接经济效益至少为 $0.25\times434.88/7=15.53$ 亿元。同时，由此产生的社会效益有：①可明显改善灌区农业生产条件。灌排骨干工程设施的显著改善、工程设施的完备、管理能力与管理效率的提高，可以为保障国家粮食安全和农产品供给、促进农村经济持续健康发展奠定坚实基础。②有利于推进农业现代化发展。节水灌溉等新技术、新材料、新设备的应用，提高了灌溉、排水标准，可提供适时适量的灌溉和灵活高效的除涝排水；灌排管理能力的提高与信息化管理应用，能够促进集约化、专业化新型农业经营体系建立，转变农业增长方式和发展方式，推进农业机械化、规模化、现代化建设，促进现代农业发展。③有利于增加农民收入。提高生产效率，提升作物品质，促进农业增产、农民增收、农村经济发展。同时，还可吸收群众参与工程建设，增加当地农民就业机会和现金收入。④促进美丽乡村建设。灌排设施的改善，将促进农业机械化，减轻农民劳动强度；可以改善农村生活环境，促进美丽乡村建设；同时还可以强化灌排工程管理与用水管理，减少用水矛盾和水事纠纷。

此外，还可提高现有灌溉农田的灌溉保证率与区域水资源合理配置水平，使输配水更加快捷、高效，有效缓解水资源紧缺矛盾。因此，在地下水超采严重的灌区，通过控制灌溉规模，调整作物种植结构，实行地下水、地表水联合调度，可以缓解地下水超采状况；通过排水沟建设，可提高排涝标准，控制和提升地下水位，有利于减轻土壤次生盐渍化威胁；结合灌区配套改造，完善护渠林网，部分灌区还为林、草地提供灌溉水源，改善灌区生态环境。

二、工业节水市场资本需求

根据全国水利普查典型抽样调查的资料，高耗水工业用水量占工业总用水量的 3/4，其中火电、钢铁、化工、造纸、纺织、石油石化、食品饮料与非金属矿物制品业分别占高耗水工业用水总量的 58%、7%、11%、5%、6%、4%、4%、5%。高耗水工业规模以上企业数量占全国规模以上企业总数的 32%，意味着管理好约 1/3 的工业企业即可达到控制约 75%工业用水的效果[8]。

下面通过几个实例来测算节水改造的单位节水投入成本。实例一：上海华电电力发展有限公司望亭发电厂投资 7000 万元进行废水零排放目标的节水改造，每年可节水 960 万 m^3，单位节水投入为 7.29 元/m^3；实例二：南京钢铁联合有限公司 5 年时间投入 5.2 亿元资金用于节水技改，年取新水量下降了 75%，单位节水投入为 6.84 元/m^3；实例三：四川省绵竹市 3 年投入财政资金 1.46 亿元用于工业企业节水补助，每年节约工业用水近

1200 万 m^3，单位节水投入为 12.2 元/m^3；实例四：浙江省宁波市北仑区对 9 家企业实施节水改造，计划总投资 9494 万元，预计改造结束年节水量达到 972 万 m^3，单位节水投入为 9.76 元/m^3。

基于前面工业节水潜力测算数据和物价上涨情况，考虑到前两个实例在 2005 年以前，后两个实例在 2010 年左右，本节采用单位节水投入为 14 元/m^3。预计 2025 年工业节水改造需投入 $14\times355.80/7=711.60$ 亿元，可产生良好的效益。比如，在经济效益方面，全国工业综合平均水价约为 2.53 元/m^3[9]，如按年均节约 $355.80/7=50.83$ 亿 m^3 计算，可节省水费 $50.83\times2.53=128.60$ 亿元；在社会效益方面，工业节水潜力巨大，如按规划实施节水后将节约大量水资源，对缓解我国水资源供需矛盾十分重要；在生态效益方面，工业用水量的减少将减小水资源需求压力，同时也会减少排污量，大大降低对生态环境的破坏。

基于测算的 2025 年工业节水年均投入 711.60 亿元，按照实行最严格水资源管理制度情况，工业节水将吸引大量的社会资本，可按照合同节水管理模式实施。根据全国水利普查数据，高耗水行业用水量约占工业总用水量的 75%。因此，本节按 75%的工业节水项目引入社会资本测算，工业合同节水管理市场资本需求约为 533.70 亿元。

三、城镇生活节水市场资本需求

根据部分有代表性的城镇节水试点情况，得出城镇单位节水投入额，用于测算城镇生活节水市场资本需求。

实例一：河北工程大学合同节水管理项目。河北工程大学是我国首所实施合同节水管理的高校，经与北京国泰签订协议实施合同节水后，取得了节水、收益双赢。2015 年 4 月至 12 月，河北工程大学主校区和中华南校区较 2014 年同期节水 112.8 万 m^3，节水率达 48.2%，节约水费 400.58 万元；2016 年节水 139.9 万 m^3，节水率为 46%，节约水费 550.45 万元；2017 年节水 168.9 万 m^3，节水率为 55.6%，节约水费 719.67 万元；2018 年节水 146.7 万 m^3，节水率为 48.3%，节约水费 708.73 万元；2019 年 1 月至 6 月节水 64 万 m^3，节水率为 42.1%，节约水费 364.8 万元。2015 年 4 月至 2019 年 6 月共计节水达 632.3 万 m^3，共计节约水费 2744.23 万元，平均节水率高达 48%，年均节水量 148.78 万 m^3，则单位节水投入约为 7.94 元/m^3。该项目总投资 1182 万元，合同期为 6 年，通过实施更换节水器具、改造供水管网、建设节水节能监管中心、打造节水文化等项目，合同期内可节约水费 4290 余万元，合同期满后改造的设备至少还能运行 9 年，最少预计可再节约水费 7860 余万元。

实例二：北京伯爵园高尔夫球场作为高耗水服务行业的首个试点项目，采用节水效果保证型合作模式。该项目总投资 1200 万元，合同收益期 5 年，合同期内预计每年节水约 100 万 m^3，单位节水投入约为 12 元/m^3，节约水费约 1.6 亿元。

实例三：北京市怀柔区节水型社会建设试点项目。北京市怀柔区通过 10 年时间为老旧小区换装节水型器具，投资 1368 万元，每年节水约 40 万 m^3，单位节水投入为 34.2 元/m^3。

综合考虑以上 3 个项目实例，按均值计算出单位节水投入为(34.2+12+7.94)/3 =18.05 元/m^3。因此，2025 年我国城镇生活节水改造投入为 $18.05\times27.05/7=69.75$ 亿元。根据《水污染防治行动计划》等文件要求，新建民用建筑要求节水型器具全部投入使用，对城市企事业单位原有建筑不符合节水标准的用水器具给予拆除，要求更新使用节水型器具设备，杜绝跑、冒、滴、漏等水资源浪费现象，力争到 2025 年完成用水器具的基本改造，全部更新为节水型器具，城市公共设施普及节水型器具，100%的省级政府机关、50%以上的省级事业单位和严重缺水地区的市县级大部分公共机构建成节水型单位。根据上述测算结果，2025 年城镇生活节水改造投入为 69.75 亿元，如果 85%的公共用水单位（如宾馆饭店、商业服务、医疗、大专院校等）实行合同节水管理，2025 年合同节水管理市场资本需求为 59.29 亿元。

在城镇生活节水市场实施合同节水管理将产生良好的效益。在经济效益方面，实施合同节水管理既可更新用水器具，顺应国家用水器具整改的要求，又可大幅减少用水量，节省千万余元的水费。在社会效益方面，由于节水改造会涉及相关单位的参与，可以带动大量社会资本进入节水领域，从而解决一部分人的就业问题；生活用水的节约将减少供水设施、污水处理设施的建设投入；在进行节水改造的同时进行广泛的节水宣传，可有效地提高居民的节水意识。在生态效益方面，用水量的减少必然会减小排污量，将大大降低对生态环境的破坏。

四、水生态治理节水市场资本需求

合同节水管理可以有效地吸引社会资本进入水生态治理领域。北京国泰在四川、天津等地进行水生态治理试点工程的成功经验，表明了合同节水管理是适合水生态治理的投资模式和商业模式。下面将测算水生态治理领域的节水市场资本需求。

根据《水污染防治行动计划》要求，至 2020 年，长江、黄河等七大重点流域水质优良（达到或优于Ⅲ类）比例总体达到 70%以上，地级及以上城市建成区黑臭水体均控制在 10%以内，长三角、珠三角区域力争消除丧失使用功能的水体。《水污染防治行动计划》内容涉及工业水污染治理、城镇水污染治理等众多方面，到 2025 年，要完成相应目标不仅需要地方政府投入，还需要吸引大量社会资本。

根据《中国水资源公报 2018》：2018 年，对全国 26.2 万 km 的河流水质状况进行了评价，Ⅰ~Ⅲ类、Ⅳ~Ⅴ类、劣Ⅴ类水河长分别占评价河长的 81.6%、12.9%和 5.5%；对 124 个湖泊共 3.3 万 km^2 水面进行了水质评价，Ⅰ~Ⅲ类、Ⅳ~Ⅴ类、劣Ⅴ类湖泊分别占评价湖泊总数的 25.0%、58.9%和 16.1%。根据北京国泰进行水生态治理试点工程的数据：被污染的河段从劣于Ⅳ类水体水质要提升为达到或好于Ⅲ类水体需要治理费用 384 万元/km，被污染的湖泊水质从劣于Ⅳ类提升到达到或好于Ⅲ类水体需要治理费用 635 万元/km^2。初步估算，到 2025 年，如果对被污染河段和湖泊的 30%水体，即 1.446 万千米河段和 0.743 万 km^2 湖泊的水体以合同节水管理方式进行治理，河流湖泊的水污染治理的市场规模将达到 1000 亿元以上。如果有 15%的水生态治理项目引入社会资本，通过合同节水管理模式提供河流湖泊水污染治理市场规模超过 150 亿元。

参 考 文 献

[1] 水利部. 全国水资源综合规划技术大纲[R]. 2002.

[2] 水利部水利水电规划设计总院. 全国水资源综合规划技术细则[R]. 2002.

[3] 水利部水资源管理司. 节水型社会建设规划编制导则[R]. 2008.

[4] 水利部. 中国水资源公报 2018[M]. 北京：中国水利水电出版社，2019.

[5] 国家统计局. 中国统计年鉴 2019[M]. 北京：中国统计出版社，2019.

[6] 水利部综合事业局，水利部水资源管理中心. 合同节水管理推行机制研究及应用[M]. 南京：河海大学出版社，2018.

[7] 水利部. 节水型社会建设“十三五”规划[R]. 2017.

[8] 赵晶，倪红珍，陈根发. 我国高耗水工业用水效率评价[J]. 水利水电技术，2015，46（4）：11-15，21.

[9] 谢慧明，强朦朦，沈满洪. 中国工业水价结构性改革研究：水资源费的视角[J]. 浙江大学学报（人文社会科学版），2018，48（4）：54-73.

第八章　中国合同节水管理政策支持路径分析

本章将针对我国合同节水管理存在的政策法规、融资平台、激励机制等政策制度方面的问题分析支持路径，为合同节水管理的顺利发展保驾护航。

第一节　强化节水法律法规制度建设

合同节水管理是将市场机制引入节水领域，通过市场杠杆机制的运行来促进节水而形成的一种全新节水管理模式。但由于合同节水管理刚刚兴起，所以亟须制定相关法律法规以保障合同节水管理朝着健康有序的方向发展。

一、加快制定“节水法”

（一）明确“节水法”的指导思想

一是要坚持科学发展观理念。“节水法”的制定要在坚持节约资源与保护环境基本国策的基础之上，做到防治污染、爱护环境与建设环境友好型社会的协调统一，同时还应将人与自然和谐共生的理念深入人心，积极培育全民节水和护水的意识。二是要发挥经济机制的作用。“节水法”的设计要在水权理论的框架之下，将市场机制引入水资源保护的理念中，以经济手段促进水资源的合理开发、利用、配置与保护，推动水资源管理体系的不断完善，形成以市场机制为内核，以经济手段和水权交易为抓手的新型水资源管理制度。三是“节水法”中要确保水资源利用的可持续性。通过建立健全水资源管理体制，完善与水资源管理相关的法律法规，规范社会水资源的使用方式，理顺全社会与水资源的关系，在保证人与水资源和谐发展的前提之下，实现人与水资源的和谐共生，促进我国水资源及社会的可持续性发展。

（二）确立“节水法”的原则

一是确立立法原则。要按照立法内容和性质的不同，明确立法目的、依据、适用范围、基本原则及相应的机构设置。二是制订用水管理计划。

要合理规定各类节水规划与计划的编制，确定各行业的用水总量、指标和定额，制定用取水许可证等相关配套措施。三是制定节水措施。要在专项节水制度指导下，根据各行业的实际情况分别制定具体的节水措施。四是落实奖励政策。在遵守“节水法”的原则之下推动和落实节水扶持资金、产业政策、财政税收政策等相关优惠政策。五是确定法律责任原则。要加快建立健全与“节水法”相配套的各相关政策和法律法规，确定立法生效条款，明确节水管理的法律责任及操作规范，为推进节水管理提供明确的政策性指引和方向[1]。

（三）构建节水法律体系框架

一是要加快节水法律的制定与完善。同时，国务院及水利管理部门应积极出台相关法律与规章制度，形成完整的节水法律体系，使我国节水事业有法可依。二是制定地方性的法律法规。各省区市应在遵守节水基本法的前提之下，依据各地的基本情况制定符合地方实情的地方性法规与规章制度，推进本地区节水事业的不断发展。

二、加快水权制度建设

（一）建立用水总量控制和定额管理相结合的水权考核制度

我国的水权制度由三大部分组成，包括水资源所有权制度、水资源使用权制度和水权转让制度。其中，用水总量和用水定额是水资源管理中关于水资源使用权的宏观控制指标。《中华人民共和国水法》第四十七条规定“国家对用水实行总量控制和定额管理相结合的制度”。水权制度的设计过程包括制定科学合理且具有可操作性的用水定额、水资源分配计划、水价政策及相关管理方案等，主要是对全国各地水资源的存量和用量进行估算，在此基础上将用水总量指标再具体分配到每个地区和每个行业。在指标制定完成后，各地要严格按照所分配指标量来计划用水规模，对于没有严格落实的，相关人员应承担一定的责任，以保障政策的层层落实。

（二）逐步完善水资源产权制度

通过对全国各地区水资源总量及水资源可利用总量的摸底调查，确定各地的水资源基本状况，并在此基础上，依据综合平衡的原则，确定各地区用水单位的可用水资源数量，通过将节水管理过程中节约的水资源确定为水权，将水资源产权化；要建立全国范围内的水权交易平台，将产权化的水资源纳入水资源交易平台中，积极鼓励各个用水主体对水权进行相关交易，提高全社会实施和应用合同节水管理的积极性，提升水资源的使用效率。

三、形成合理的水价制度

（一）完善水价形成机制

当前，我国的水价还处于较低的水平。因此，应在当前水资源价格的基础上，通过完善水价形成机制，逐步提高当前的水价水平。在提高水价的过程中，相关部门应依照“补偿成本、合理收益、优质评价、公平负担”的原则，构建合理的水价形成机制、水价听证会制度和水价管理公共决策机制；此外，还应根据不同用户的承受能力，构建多层次的供水价格体系，利用有效的价格机制对用水需求进行合理调节。

（二）构建科学合理的水价体系

构建科学合理的水价体系需要实行多种计价方法。一是阶梯式累进水价。各地可根据当地实际情况核定基本用水量，如可根据家庭人口、耕地面积、产业性质与产业规模等情况，在基本用量之内按照基本水价计算，以满足用水单位的基本用水需求；而对于超出基本用量的部分可以随着用水量的增加而分级加价。二是容量水价。容量水价以保障供水工程的基本利润，实现连续供水和促进供水工程正常运营的目的，即用水单位无论是否用水，都必须缴纳水费。三是实行浮动定价。根据每月、每季度、每年的不同情况，在尊重群众意愿的基础上，制定符合实际情况的合理水价；对不同类别的用水实行不同价位的水价，以区分生活、农业、工业、商业等领域的用水价格。

（三）颁布规范用水价格的专项法规

水价法律法规是节水管理部门在履行职责时的法定依据，它规定了制定水价的基本准则，以确保水价制定的科学性。颁布用水价格专项法规可以使水价施行条款更具可操作性，使水价改革有法可立、有法可依、有法可行；要追究那些对水价法律法规贯彻落实不到位的有关部门和个人的责任；要在依据市场规律的前提下，将涉及水价各方的权利、义务、责任等通过法律规章制度的形式确定下来；同时还应积极建立水价听证会制度等相关制约监督机制，以严格约束各方的用水行为。

四、加强节水宣传力度

一是大力宣传《中华人民共和国水污染防治法》。治理水污染首先应从源头加以入手。近年来，各地加大了对污染物排放的控制。但是，由于群众对《中华人民共和国水污染防治法》还不够了解，因此就需将其的宣传教育作为一项重点工作来抓。二是加强节水宣传力度。在宣传活动中，可以积极举办与节水相关的活动，增强社会公众对节水的意识和关注度。三是制定节水宣传制度。各级政府和水资源管理部门可通过设立节水日等节水宣传制度，建立节水宣传长效机制，将节约水资源与民俗、民情、民规进行有效的融合，更多的人民群众参与到节水行列中，积极主动地节约水资源，努力营造人人参与、人人节水、人人护水的社会氛围。

第二节　制定合同节水服务产业发展政策

合同节水管理作为一种新的节水模式，对推动节水事业的发展具有十分重要的现实意义。节水产业发展政策的实施不仅可以促进节水领域科学技术的进步，还有利于促进政府创新节水管理方式。

一、制定地区性节水产业布局政策

要坚持统筹规划、因地制宜、发挥优势、分工合作和协调发展的原则，正确处理全国性节水产业总体布局与地区性节水产业政策间的关系，地区性节水产业政策应当服从全国性节水产业总体布局的要求。东部地区要充分利用国外资金和市场，依靠先进技术进行集约经营，促进节水产业的发展；中西部地区要积极适应发展节水产业的要求，在加快实施地区性节水产业布局政策的基础上加强水利建设，使现有的水资源得到充分的利用；西北内陆地区水资源紧缺，建议对高耗水的行业和企业实行易地搬迁、集中安排等措施，将合同节水管理与当地的实际情况相结合，同时引导与节水相关的产业向中西部地区转移。鼓励各地在遵循国家产业结构政策的条件下，积极支持各地发展优势产业，使优势产业和节水产业的发展相辅相成、相得益彰。

二、建立节水产业技术创新战略联盟

要在充分发挥市场对绿色产业发展方向引导的前提下，积极出台相关政策，加快建立以产学研合作为基础的节水产业技术创新战略联盟，从而在具有法律约束力的契约保障下，形成联合开发、优势互补、利益共享、风险共担的节水技术创新模式；同时，鼓励联盟中的企业和节水科研机构通过定期开展有关节水技术政策的研讨交流，促进节水技术推广、融合与信息的交流互通，推动中外节水产学研合作，提升节水技术的持续创新和推广能力。

三、构建专业化的合同节水服务产业政策

合同节水产业在我国属于新兴产业，在市场上仍处于不成熟的初期阶段，因此政府要发挥其主导作用，积极组建由政府主导、企业参与的节水实施平台。政府相关部门要积极出台与专业化合同节水服务产业相配套的水资源监管政策、水价水权政策及标准计量体系政策等，规范合同节水管理企业的行为，提高合同节水管理企业的服务质量，促进合同节水产业健康有序发展。同时要落实水资源消耗总量和强度双控行动，完善约束和激励政策，营造良好的政策和市场环境，培育发展节水服务产业。

四、设计节水服务市场主体培育政策

节水服务市场的发展在一定程度上可以拉动就业，推动经济的发展。因此亟须建立节水服务市场主体培育政策，通过优化投资环境和营商环境，构建多元化资金投入体系；要充分发挥银行、保险和多层次资本市场对节水服务市场主体的支持；加快制定培育节水服务市场小微企业的政策，进一步细化明确小微企业培育目标，探索建立节水服务市场小微企业扶持基金，以入股、贴息、补助和奖励等方式促进节水服务市场主体朝着总量扩张、充满活力的方向发展。

五、制定节水服务市场准入政策

要通过不断壮大节水服务的企业规模，吸引社会资本投入节水服务市场，加快推进节水型社会的建设，提高民间资本参与节水项目的积极性；要对民营和国有经济一视同仁，给予民营企业同等待遇，鼓励和支持民营企业参与节水项目的投资；要对不同规模的企业平等对待；要在统一的市场准入制度下，保障节水市场主体依法平等进入市场，打破各种阻碍民间资本市场准入的体制藩篱。

六、出台节水服务企业反垄断政策

制定反垄断政策的目的是促进公平竞争和抑制垄断。市场经济体制是我国资源配置过程中不可或缺的经济体制，而反垄断政策在我国社会主义市场经济体制中占重要地位。合同节水管理服务作为一种公共服务机制，要防止节水管理企业一家独大、垄断市场，如此才能提高节水服务企业在市场中的竞争力和活力。因此政府相关部门要尽快制定并出台节水服务企业反垄断政策，激发节水服务市场的竞争活力。

七、设计节水市场竞争政策

充满活力的竞争机制能够激励节水服务企业加快节水技术升级改造的积极性，实现资源分配效率的最大化。政府相关部门要设计节水市场竞争政策，包括实现竞争、增进竞争和规范竞争等相关政策措施，激励节水服务企业不断探索节水技术升级改造和节水设备优化升级，提升自身的核心竞争力。可以通过加大对节水行业的规制和监管，规范节水服务企业的行为，防止节水服务企业的市场垄断及不正当的竞争行为，推动节水市场健康有序的发展。

第三节 构建合同节水管理财政政策支持体系

财政政策的支持对合同节水产业的发展是至关重要的。因此，亟须从产品技术研发、投资生产、开拓市场、促进消费等环节构建促进中国合同节水产业发展的财政政策支持体系。

一、设计差异化的合同节水产业财政政策

一是在合同节水产业发展前期阶段。政府要发挥主导作用，财政部门应及时拨付财政资金，用于合同节水的水资源调查、评估和规划。此外，政府还应加强政策引导，通过财政补贴等方式重点支持合同节水服务产业的产品研发、创新和推广，加快节水型社会建设和节水产业的发展。二是在合同节水产业发展初期阶段。在初期阶段，合同节水服务产业的商业化运行模式逐渐步入正轨，产业化规模发展逐渐形成。为加快合同节水服务产业的发展，可以适当减少政府对合同节水产业的直接干预，要不断发挥市场的主体作用，引入和完善市场竞争、交易和价格机制，通过划拨财政资金鼓励企业自主创新，支持企业节水技术进步和降低企业节水产品成本。三是在合同节水产业发展成熟阶段。在该阶段，政府的主要作用在于营造公平的市场环境，保证产品之间公平竞争和优化产业结构。可通过实施财政资金奖补政策，确定合理的财政奖补方向，促进节水服务企业能够朝着可持续发展的方向转变，增强合同节水产业的“造血”功能，促进合同节水产业的协调发展。

二、注重财政政策的协调性和阶段性

一是要注重财政政策体系的协调配合。在设计支持合同节水产业发展

的财政政策时要有明确的目的，同时财政政策还应具有一定的灵活性，以保证各地在具体实施中能够结合本地实际灵活地运用。可通过充分运用政府补贴、直接投资和政府采购等多种财政手段激励合同节水产业发展，并有效协调运用货币政策，综合发挥各政策手段的优势，形成政策合力。二是财政政策要与短、中、长期发展目标相结合。合同节水产品从研发、生产到消费是一个长期发展过程，而目前，我国的合同节水产业投资规模偏小，产品自主创新能力较低，尚未形成产品的规模化生产。因此，合同节水产业短期目标的财政支持政策是通过搭建多样化的筹融资平台，为节水服务企业开辟多种资金来源通道，从而吸引社会资本注入合同节水产业领域；合同节水服务产业的中长期财政政策是通过运用市场竞争机制，推动合同节水产品的规模化生产，从而降低合同节水产品的生产成本。

三、建立支持合同节水产业发展的财政预算机制

一是建立合同节水技术研发专项预算支出机制。在我国中央财政的经常性预算和建设性预算中，建议建立支持合同节水产业发展的中央财政专项预算机制，用于合同节水产业研发的启动资金，以保障合同节水研发资金投入的可持续性[2]。二是地方财政要提供合同节水配套保障资金。各地可结合自身实际情况，在中央研发启动资金基础上投入一定比例的财政配套资金，为合同节水服务产业发展提供相应的财政支持资金。同时，还要建立科学的财政预算资金管理模式和预算资金专款专用制度，加强对节水服务企业财政预算资金使用的监督和考评。

四、设立合同节水技术研发财政专项基金

一是加强对合同节水技术研发平台建设的资金支持。当前，我国存在着合同节水技术研发平台还相对较少、节水服务企业研发力量相对分散、研发产品开发和应用不匹配等问题。因此，应尽快成立合同节水技术研发实验室和节水服务企业技术研发中心，打造企业技术创新和产业化服务平台；鼓励具备科研能力的企业独立或联合高等院校、科研院所，建立合同节水产业化基地，各级财政部门要给予一定的研发专项基金补助。二是加大对合同节水技术研发创新体系建设的资金投入。要加快制定节水产品技术研发与生产的标准规则，鼓励节水服务企业联合学校、工厂等用水量大的机构进行创新体系建设。财政部门要对合同节水研发创新体系的建设投入足额资金，促使合同节水产业能够进行产业化和商业化运作，推进合同节水管理产业的健康发展。

五、实施对节水服务企业的财政资金直接干预措施

一是加大财政资金对投资企业的补贴力度。财政补贴能够提高节水服务企业投资主体的积极性，促使其扩大生产规模和增加产能。财政补贴可分为直接补贴和财政贴息两种方式。以直接补贴方式对合同节水产业进行干预，能够使企业在短期内筹集资金进行生产，此方式在合同节水产业发展初期较为适用；财政贴息大多是对固定资产投资提供贷款贴息，以财政贴息方式对合同节水产业进行干预，能够促进企业进行投资，刺激企业进行节水技术改造，推动合同节水产业的发展。二是对示范项目的推广进行财政支出投资。在合同节水服务产业发展前期，由于进入市场的节水服务企业较少，市场能够提供的信息不够充分，投资企业对其投资收益和产业的发展前景缺乏精准预测，这便会降低合同节水投资企业的投资信心。为此，政府要加大对节水服务企业的直接干预力度，通过财政支出对合同节水项目直接进行投资，做好示范项目的开发和推广工作，发挥典型标杆效应，吸引社会资本投入合同节水领域。

六、加强对节水服务企业的财政资金间接干预力度

一是建立节水服务企业财政转移支付制度。为推动落后地区合同节水产业发展，可以采用间接干预的方式。例如，东部地区可通过横向转移支付的方式，对中西部地区合同节水产业提供一定的财政资金补助。各级政府也要重点关注落后地区合同节水产业的发展，解决落后地区合同节水产业发展的财力制约问题，缩小地区间合同节水产业的发展差距。二是支持节水服务企业建立高效融资方式。为降低节水服务企业资本负债率，优化节水服务企业的资本结构，可通过加强政府与金融机构的合作，出台相关政策引导金融机构对节水服务企业给予利率优惠或专项贷款，从而实现对节水服务企业的间接干预。

七、开拓合同节水市场财政支持

一是加大财政支出对合同节水产品的价格补贴力度。为加快我国合同节水产品市场化步伐，促进合同节水产业商业化运作，提高节水服务企业的产品市场占有率，财政部门应协助企业加强对市场的开拓。各级财政部门可根据合同节水产品的供需情况提供相应的财政补贴资金，提高合同节水产品的市场竞争能力，增加消费者对节水产品的需求，推进合同节水产品的规模化生产。二是鼓励各级政府对合同节水产品进行政府采购。通过

政府采购合同节水产品，不仅能够提高节水产品企业的市场占有率，而且还能够引导社会消费趋势，为合同节水产品的商业化运作奠定基础。因此，应把技术已相对成熟、正处于推广开发阶段的合同节水产品列入政府采购清单，并逐步扩大合同节水产品的采购范围，加快合同节水产品在全国范围内普及，增加合同节水产品的销量，从而推进合同节水产品的商业化进程。

八、建立有效的财政资金投入机制

从当前合同节水财政投入来看，需要在合同节水财政投入规模、财政投入结构等方面进行改进。一是应当增加合同节水财政资金的投入规模。各级政府应当提高合同节水财政投入的预算比例，并使合同节水财政支出与政府整体的财政收支相关联，保持同步增长。此外，应把金融和信贷政策与合同节水的财政投入政策相结合，使财政资金能够发挥汲水效应，推动社会资本在合同节水领域进行投入。二是优化合同节水财政资金的利用方式。合同节水改造要充分利用政府预算、贷款贴息、专项基金等资金支持，提高资金的利用效率。例如，对于重大和关键性的合同节水改造项目，国家在进行直接投资的同时，要积极引入社会资本参与合同节水改造；对于一般性的合同节水改造项目，可使用贷款贴息等方式，积极进行合同节水改造；对于可利用市场进行节水产品配置生产的项目，要尽量减少政府资金的投入，可通过对合同节水消费产品进行引导。

第四节　优化税收扶持政策

制定合同节水产业发展的税收激励政策，要考虑不同税种的作用范围和效力，同时要根据合同节水行业发展的特点和要求，制定适合合同节水服务产业发展的税收优惠政策，以便更好地服务于合同节水服务产业的发展。

一、增值税优惠政策

一是实施差别化的增值税税率。建议在征缴增值税时，视不同情况给予税收照顾，实行差别化的增值税税率，对节水服务企业实施“即征即退”“先征后返”或免征增值税的政策。二是降低节水服务企业小规模纳税人的征收率。要考虑合同节水产业的特殊性，节水服务企业在生产工艺等方面的特殊性，进行合同节水产品投资和生产需要投入较高的费用，加之节水产品还未能达到规模化生产，生产成本较高，建议进一步降低小规模节水服务企业纳税人的增值税征收率，以减轻小规模节水服务企业的税收负担。三是允许抵扣固定资产进项税额。合同节水产品固定资产投入大、投资回收期较长，在投资生产的初期阶段，节水服务企业用于购置生产合同节水产品的固定设备所缴纳的进项税金较多，销项税金较少，并且不能进行一次性抵扣。所以，政府在对节水服务企业制定增值税政策时应允许抵扣固定资产进项税额，以有效降低合同节水服务行业的增值税的税负水平。

二、企业所得税优惠政策

一是为节水服务企业制定针对性的税收优惠政策。《中华人民共和国企业所得税法》第二十七条规定，“从事符合条件的环境保护、节能节水项目的所得”的企业可以免征、减征企业所得税；同时，第三十四条规定，“企业购置用于环境保护、节能节水、安全生产等专用设备的投资额，可以按一定比例实行税额抵免”[3]。虽然在《中华人民共和国企业所得税法》中有关于节水服务企业税收减免的优惠措施，但对合同节水方面制定的税收优惠政策有限，这便需要相关政府部门根据对节能行业制定的政策措施，设计更为符合节水服务企业的税收支持措施。例如，对于合同节水设备投资可实施适当的加速折旧政策，关键设备可考虑采用投资抵税的方式，以促进企业提高对合同节水项目的投入；对于合同节水产品生产企业可实施定期减免税、授权减免、加速折旧等优惠措施。二是扩大节水服务企业所得税优惠政策受惠面。一方面，在《节能节水专用设备企业所得税优惠目录（2017年版）》中，生产节能节水专用设备的企业所得能够享受到的节水税收优惠的节水设备品种有限，仅包括节水的滴灌溉设备、水泵、水处理及回用设备等产品，因此在制定关于合同节水产品的税收优惠政策时，应扩大节水产品享受所得税优惠的范围；另一方面，所得税优惠作为一种事后奖励，只有当企业获取收益时才能享受优惠政策，所以若节水服务企业经营发生了亏损，就无法享受税率优惠，这便会导致税收优惠政策导向与政策初衷有所偏离。为此，要根据节水服务企业的实际经营效益尽量使企业享受到税收优惠。三是要减征合同节水相关技术转让、服务的所得税。对于从事与合同节水相关的技术开发、技术转让、技术服务、技术咨询业务等取得的收入，在征税时应适当考虑减征或免征所得税。为了鼓励合同节水产品企业加快其技术成果转让，对于合同节水相关技术转让的企业在技术成果转让环节减免其所得税。对实施合同节水项目的节能服务企业，还可以采取以下优惠政策：其取得经营收入从第一年至第三年可免交企业所得税，第四年至第六年减半征收等税收优惠政策。四是实施所得税税前扣除政策。建议大幅度提高研发费用税前扣除比例，以提高节水服务企业研发能力；要利用税前扣除政策提高节水服务企业技术研发能力；要大力鼓励符合条件的节水服务企业成立节水技术中心等研究机构，提高节水服务企业所得税税前扣除比例，从而降低节水服务企业缴税费用，提高企业的技术研发能力。

三、关税优惠政策

为减少生产合同节水产品企业的进口成本，从源头上减少合同节水设备的制造成本，要采取不同的进口关税优惠政策。建议对国内无法生产而又急需的节水生产设备实行零关税的政策；对于关键零部件的进口可实施免税优惠政策；对于国内节水服务企业能够自行研发和生产的合同节水设备应适当减少关税优惠。通过实施进口关税优惠组合措施，有助于节水服务企业引进先进技术和对合同节水产品核心零部件进行研发生产，提高节水服务企业的自主创新能力。同时，企业在利用进口关税的税收优惠政策时，也要掌握进口报验技巧，熟悉商品归类规则，关注相关税收优惠政策的最新动向，充分利用好最新关税税率优惠政策，引进企业研发生产过程中急需的节水关键零部件和节水先进设备。

四、其他税种优惠

为加快合同节水产业的发展，在节水服务企业生产用地方面，各级政府可根据实情对符合标准的节水服务企业制定相关税收优惠政策，如可以减征或免征企业的耕地占用税、城镇土地使用税和印花税；免征中央和地方政府补贴收入、扶持基金、各类捐赠的企业所得税，以降低节水服务企业的生产运营成本。此外，可对中央和地方政府的补贴收入、扶持基金实行免税政策，对于以个人、团体或基金会名义捐赠的各类用于节水服务企业生产节水设备的捐赠部分，均可实行免税政策。

五、向高耗水行业征收能源税

作为水资源消耗大国，除农业用水消耗量巨大外，我国一些高耗水企业对水资源的需求也很大。为保护生态环境，节约水资源，促进我国经济可持续发展，政府应向企业征收环境税或者能源消费税，实现节约用水与环境保护的共赢，对于高耗水行业征收一定比例的能源税或环境税，特别是对高耗能、高污染产品进行征税，促使高排放和高污染企业积极进行设备的转型升级，促进水资源的节约和利用，实现绿色经济的发展。

六、利用税收政策支持节水服务企业重组并购

为降低节水服务企业重组并购的成本，放宽节水服务企业在并购时关于特殊性税务处理的条件，节水服务企业发生债权转股权业务，对股权投资、债务清偿两项业务暂不确认有关债务清偿损失或所得，股权投资的计税基础以原债权计税基础确定[4]。同时，对于节水服务企业之间的债务重组，企业的应纳税所得额超过当年应纳税所得额一半的，建议在相应的5个纳税期间内，分摊计入节水服务企业各年度的应纳税所得额中，以鼓励传统用水产品生产企业向节水型企业转型。同时在现行税收优惠政策基础上，可增加就合同节水管理所节省的水资源上市交易、节水服务企业提供的节水劳务和服务、节水技术转让和技术开发及技术咨询等应纳税行为实行免征增值税政策，从而增强税收优惠政策的激励效果。

第五节　制定政府采购扶植政策

政府的采购政策对产业的发展具有至关重要的作用。因此，要尽快制定政府合同节水管理项目采购扶植政策，这不仅可以提高政府采购资金的利用效率，还可以减少合同节水项目的建设成本，对于推动合同节水服务市场的健康发展具有重要意义。

一、建立节水产品优先的政府采购制度

（一）制定节水产品的政府集中采购政策

一是设立专门的节水产品招标项目。合同节水招标项目一般是采用政府采购服务项目进行招标，合同期限一般不超过3年。然而合同节水项目投资大、收益期较长，在3年的合同期限内难以达到预期的收益。因此，需要修订政府采购政策，设立专门的招标项目，以设置合理的合同期限。二是将所需购买的节水产品进行统计和归类。对于同质、大量的节水产品由政府来进行统一采购，这便可以降低节水产品的采购成本。建议以省级为单位，将本地区节水服务企业所需采购的节水产品进行归类和统计。三是由政府采购部门进行统一采购。政府集中采购一般都属于大规模的采

购，相对于单个企业的采购而言具有采购优势，在采购价格上具有一定的话语权，可以有效降低各节水服务企业节水产品的采购成本。此外，由于采用统一采购和统一运输，还可以大幅减少运杂费和监督管理费的支出。政府要加大对合同节水项目的支持力度，充分利用政府采购的优势对节水服务企业的节水产品进行优先采购。通过建立政府优先采购节水产品的制度，可以有效提高节水产品生产者的积极性，增加节水产品的研发投入，有益于节能环保节水设施的发明创新，同时也会吸引更多的社会资本投入到合同节水管理项目中，优化资源配置，提高政府采购资金的使用效率。

（二）加大政府节水产品采购力度

一是政府节水采购应当具备公益性。无论政府是兴建大型工程项目，还是采购一些零配件，往往带有一定的公益性。要将政府采购节水产品建设成一项惠民工程，这不仅可以保障地区的供水能力，也可以把过去节水性能差的老旧设施更新改造为更加节水环保的基础设施，这有利于把我国建设成为资源节约型、环境友好型社会。二是政府节水采购应当具备支持性。政府采购可以促进中小企业的发展，有利于提高企业的自主创新能力。政府在采购的过程中应当有针对性地购买通过节水标准认证的产品，向社会传达政府对该类节水产品的认可和支持，这在一定程度上可以提高企业研发和生产该类节水产品的动力。三是政府节水采购应当具备引导性和促进性。政府的节水型产品采购，可以促进社会对节水型产品的认可，同时也可以引导消费者在选择产品时优先考虑该类节水型产品；政府节水型产品的采购还有益于水资源的高效利用和环境保护的科技创新。

（三）优化政府节水产品采购程序

一是优化政府采购方式。我国目前的政府采购方式包括公开招标采购、邀请采购、竞争性谈判采购、询价采购和单一来源采购。建议将非招标采购方式的准入标准进一步降低，化繁为简，切实提高政府的采购效率。二是简化政府采购流程和采购文件。要适当简化政府采购的流程，通过电子交易系统进行网上注册报名，提高节水服务企业的投标效率；还可以将投标文件进行内容简化，降低格式要求，进一步提升企业的投标效率。因此，将采购审批、核准事项全部在网上进行，提高政府采购节水产品的效率。

（四）建立科学的政府采购供应商诚信评价体系

一是建立供应商考核评价体系。由于政府采购部门与节水产品供应商直接谈判，建议由政府采购部门负责对供应商的诚信信息进行收集和记录，及时记录每个供应商在政府采购活动中出现的失信行为，并定期提交给政府采购管理部门，由政府采购管理部门对节水产品供应商进行审核，再考虑是否与其继续合作，从而切实保证政府能够更好地为合同节水管理服务企业服务[5]。二是建立严格的失信惩罚机制。要加大对失信节水产品供应商的惩罚力度，使失信警示作用得以强化，从而降低政府采购节水设备的风险。对于严重失信节水产品和产品供应商进行重罚并在政府公众媒体上进行公示，限定节水产品供应商禁止参与政府节水竞标项目的年限，以此来规范节水产品供应商的行为，有效降低合同节水管理服务企业的采购风险。

二、建立政府采购监管机制

（一）改进政府采购监督机制

一是引入异体监督机制。异体监督是将监督建立在不同的利益共同体之上，所以异体监督可以有效降低政府相关部门的监督风险。因此，政府节水采购要引入异体监督机制，增强监督机关的独立性，进一步提高对政府节水采购的监督力度，切实保障节水服务企业的自身利益。二是增加第三方节水审计环节。第三方审计可以由独立的会计师事务所承担，由于外部事务所与政府管理者不存在根源性的利益相关关系及行政上的依附关系，所以可以相对保证审计的独立性和公正性，降低节水服务企业的采购风险。三是要完善供应商质疑投诉制度。应在《政府采购质疑和投诉办法》中，把所有潜在节水产品供应商纳入节水产品政府采购的供应商范围。部分潜在节水供应商具有较强的专业素质和经验，从而可以有效地提高监督效果。

（二）加大对采购人与采购代理机构的监管

一是要严禁“未报先采、先斩后奏”行为的发生。要严格规范政府节水器具采购的流程，杜绝进行“未报先采”或者“先采后报”的行为，要求必须按照政府节水采购相关规定提前上报，对于违反规定的行为进行严厉处罚并通报批评。二是要加强对节水采购验收工作的监管。要对政府节水采购验收工作进行定期和不定期的抽查，并依法对抽查过程中发现的问题进行通报和惩处。三是定期抽查节水开标现场是否合法合规。应派相关人员对招标现场进行全程监督，对于数额较小的政府节水采购项目，要对供应商、评审专家及采购代理机构的行为进行局部监督；对于数额巨大的政府节水采购项目，采购监管部门应进行全程监督，防范出现不正当的竞争行为。

（三）建立和完善政府合同节水产品电子采购平台

一是建立政府合同节水产品电子采购平台和政府采购网络。将政府采购预算管理、方式审批、信息管理、专家管理、合同备案、资金集中支付和信息统计、供应商的诚信情况等实现网络化管理，实现政府采购业务信息公开和资源的共享。二是在电子化节水采购平台设置监控预警。政府合同节水产品电子采购平台可以实现无盲点监控，降低政府节水采购的寻租风险，为政府的采购监管提供了便利。建议在电子化政府节水采购平台设置多个监控预警点，包括计划、预算、资产配置管理等控制点，还要包括节水产品采购文件审批、确认采购结果、商品行情信息等预警点。信息化的节水采购平台能够记录采购人、供应商及节水采购代理机构的所有操作过程，便于相关部门实施全方位监控。在这种情况下，节水采购流程、采购节水商品的价格、竞价和成交等情况一目了然，可以有效提高节水监控水平和降低“暗箱操作”的风险，这对降低合同节水管理服务企业的采购成本，推动合同节水服务市场繁荣具有重要意义。

三、建立政府节水产品采购清单制度

（一）完善采购清单法规制度

一是建立和完善政府节水采购清单制度。通过节水采购清单方式采购政府节水器具可以有效提高水资源的利用率，可以推动绿色节水产品科技成果的转化，有助于提高生产节水型产品企业的积极性，鼓励企业在节水产品研发上投入更多资金，加大研发力度，研发出更多的创新型节水产品。二是进一步完善政府节水采购法。2019 年 4 月，政府调整了绿色采购政策，政策明确指出要对政府采购节能产品、环境标志产品实施品目清单管理；鼓励采购人对于未列入品目清单的产品类别，可综合考虑采购节能环保型产品。这对扩大节水产品的市场需求、促进绿色产品的推广应用具有一定的推动作用。

（二）建立政府采购清单体系

一是补充政府节水采购清单体系。我国现有的政府采购产品清单具有一定的局限性，即采购清单仅是一种狭义的范围，未能将更多的节水产品纳入政府采购清单的目录。因此要及时扩充政府采购的清单，将通过节水标准认证的绿色环保节水产品纳入政府采购清单中。二是制定政府节水产品采购清单管理制度。要明确政府优先采购的节水产品类别，把采购清单作为指导政府机构采购节水产品的依据。在制定节水产品清单的过程中，选定的产品应当是具备权威认证机构认证的节水产品，节水效果显著，产品生产批量较大，技术成熟，质量可靠。同时，产品还应具有完整的供应体系和强大的售后服务能力，只有符合上述要求的节水产品，才可以纳入政府节水采购清单中。

第六节　搭建多层次金融政策支持体系

当前，节水服务企业获得的金融政策支持还不能完全满足合同节水产业发展的需要。因此，要根据深化供给侧结构性改革相关要求，充分发挥信贷、绿色债券和基金等金融工具的作用，搭建多层次的金融政策支持体系，这对于推进合同节水管理的快速发展具有重要意义。

一、加大对节水服务企业的金融支持力度

（一）简化节水服务企业信贷审批程序

一是简化贷前调查流程。银行信贷管理中的企业沟通、资料收集、整理申报材料等手续繁杂。因此，适当下放信贷审批程序对节水服务企业获取融资是极其重要的。商业银行可授予客户经理一定的小企业授信权，节水服务企业依据自身实际情况填写表格内容，由客户经理及时了解和掌握贷款的基本情况，包括营业执照、机构代码证、纳税申报表等，尽快上报分析材料并判断该企业是否有贷款资格。风险管理部门人员要尽快完成完整的调查报告并进行最终的贷款审核。简化贷款前的调查流程可以有效加快银行信贷的审批流程，为节水服务企业的快速融资提供便利。二是简化节水服务企业贷款审批程序。要由专业人员负责银行放款阶段的一系列审批手续，从而提高工作效率，加快合同节水管理服务企业的融资速度，这对吸引更多企业参与合同节水服务，促进合同节水市场繁荣具有重要意义。

（二）完善绿色信贷支持政策

一是为节水服务企业提供优惠的贷款利率。较高的银行贷款利率水平增加了节水服务企业的融资成本，降低了节水服务企业的经济效益，阻碍了合同节水行业的发展和壮大。因此，银行应适当调低节水服务企业的贷款利率，降低节水服务企业的融资成本，以进一步吸引更多的企业加入合同节水服务的行列中。二是银行等金融机构要开展专项绿色信贷服务。银行等金融机构要充分利用好“互联网+供应链”这种新型金融服务模式，进一步为合同节水管理企业提供更加便利的信贷支持。2015 年，中国银行业监督管理委员会与国家发展和改革委员会印发《能效信贷指引》，其

中第二十一条规定，银行业金融机构向提高水资源和其他自然资源利用效率、降低二氧化碳和污染物排放的项目或从事相关服务的公司提供信贷融资，参照本指引执行[6]。然而，该规定却没有具体明确地反映合同节水项目的相关规定。为此，应在国家相关政策的基础上，出台与节水服务企业信贷相关的专项管理办法。同时，各商业银行、政策性银行要出台各自的合同节水授信指引，建立绿色审批通道，为合同节水服务管理企业的融资提供政策性的指引和支持。三是要明确节水服务企业信用贷款风险控制要求。要明确合同节水管理企业信用贷款的最低标准，综合考虑合同节水管理项目的风险性和收益性，全面评估合同节水管理项目所能获得的经济效益，以降低银行节水服务企业的信贷风险。

（三）创新质押和担保模式

一是建议采用无形资产抵押贷款方式。融资企业需要提供质押或者实物担保，这是银行为降低自身风险的内在要求。但多数节水服务企业的固定资产较少，缺少足额、足值的抵押物，这在很大程度上抑制了节水服务企业的融资能力。因此要创新担保物的形式，不能仅仅局限于实物资产形式的担保，还可增加无形资产抵押贷款的方式。例如，银行等金融机构可以将合同节水管理服务企业的商标权、专利权等知识产权作为抵押物进行放款。二是创新未来收益权质押方式。如果合同节水管理服务企业的固定资产和无形资产均不满足贷款要求，那么企业还可以采用节水项目未来收益权质押的方式进行融资。若企业到期无法偿还贷款，银行则可以以节水未来收益做质押以收回贷款。这便可以使有盈利潜力的企业及时获得信贷资金开展节水项目。另外，还可采取包括保理、融资租赁、订单融资、联保还贷等多种信贷方式对节水服务企业提供资金支持，这可以在一定程度上降低合同节水管理服务企业的融资难度，有利于合同节水管理的推广和应用。

（四）完善金融激励政策

一是应从国家层面制定合同节水金融激励政策。国家层面要制定具体可操作的中央财政奖补政策，将合同节水管理业务纳入奖补范围，一些条件具备的地方应根据本地现实需要，出台有针对性的扶持政策。二是从地方层面制定合同节水管理项目金融扶持政策。可将合同节水管理项目纳入地方水污染防治等领域的财政扶持政策体系，统筹资金给予扶持。在金融扶持方面，可为合同节水管理量身定做绿色金融扶持政策，建立合同节水管理项目认定标准及金融扶持项目库，对于认定合格的入库项目实施一揽子金融扶持政策，从而强化金融的激励作用，吸引更多的资金投入合同节水项目。

二、拓宽合同节水管理企业的融资渠道

（一）利用发行证券方式进行融资

一是完善相关绿色债券政策。建议进一步降低节水服务企业发行债券的准入标准。提高允许企业发行债券募集资金占总投资的比例，以进一步减少节水服务企业的资金压力。二是集合发行绿色债券。从实践来看，多数合同节水管理项目资金规模较小。一般而言，以单一项目申请发行债券募资规模较小，以致降低了融资效率。所以，建议允许节水服务企业联合同一区域内多个合同节水管理项目进行集体发行债券募资，这便可以提高债券发行效率，降低节水服务企业债券的发行成本。三是积极推行节水服务企业资产证券化。资产证券化能够有效分割原始权益人自身资信水平与基础资产的收益性，是一种有效的直接融资手段。所以，推行资产证券化可以有效减轻合同节水服务管理的融资压力，为节水服务企业的进一步发展增添动力，促进合同节水管理市场焕发出新的生机和活力。

（二）充分发挥各类绿色发展投资基金的作用

一是充分利用好政府性绿色发展基金。投资基金是一种利益共享、风险共担的集合投资制度，具有效率高、风险低的特点。建议尽快建立各项绿色发展投资基金，如节能服务产业投资基金、专项担保基金等，将各类绿色发展投资基金运用到合同节水服务产业中。二是积极利用民间绿色投资基金。我国目前存在着许多由社会资本和金融资本共同创立的绿色投资基金，其中还不乏节水项目专项投资资金。因此，相关政府部门要加大对合同节水服务管理项目的宣传力度，吸引更多的民间绿色资金投资于合同节水服务项目。三是完善相关配套支持政策。水权使用费、水价和排污费是各类绿色资金是否投资合同节水服务项目的重要影响因素。因此，建议政府相关部门进一步降低上述费用的征收标准，吸引更多绿色资金参与合同节水服务项目。

（三）有效利用信托融资模式

一是发展投资基金型节水信托产品。信托金融机构可以集合众多投资者的投资基金，设立专项合同节水信托基金，委托具有专业经验的机构进行经营操作，共同分享节水收益。发展专项合同节水信托产品，对推动合同节水管理服务企业的健康发展，促进合同节水管理模式的进一步普及具有重大的意义。二是创新结构化节水信托产品。合同节水管理是一种风险

较高的经营模式，而信托一般是投资于低风险项目，所以传统的信托产品为合同节水管理服务企业提供实际的金融支持不足。因此，建议将信托标的产生的现金流收益与面临的风险进行组合，使信托基金变成结构化的融资产品，吸引不同风险偏好的投资人投资合同节水项目。

（四）加强绿色金融国际合作

一是鼓励在国外发行节水服务企业债券。要鼓励引导我国节水服务企业走出国门，在国际市场上发行绿色债券。发行绿色债券的主要方式有红筹架构发行、直接跨境担保、由银行出具备用信用证、境内公司提供维好协议及股权购买承诺协议等五种方式。采用此方式融资，不仅可以提高节水服务企业的融资效率，还降低了节水服务企业的融资成本。二是积极吸纳国外绿色资金。鼓励国际资金投资于我国的绿色债券、绿色股票和其他金融资产，用以支持合同节水服务项目。例如，可以利用中国政府与世界银行和全球环境基金合作开发的"中国节水融资"项目和法国开发署提供的"绿色中间信贷"项目支持节水服务企业的融资。

（五）完善融资平台和保障制度

一是政府和各级水资源管理部门因地制宜，搭建节水投融资平台，让更多的投资者为合同节水产业发展注入社会资本。二是完善融资制度，形成良性的长效机制，为投资者和融资平台的良好有序运行提供保障和有力支持。三是设立偿债基金，建立合同节水项目的融资保障机制。地方政府应为节水服务企业设立绿色服务通道，政府可以利用投资收益以及政府财政预算等资金为节水服务企业融资建立债务偿还基金，从而提高节水服务企业的融资能力。

三、构建节水服务企业保险风险分担机制

一是细化保险品种。保险公司可以综合考虑不同地区的水资源分布、供水产品更新等因素，构建不同保险品种的投保机制，为节水服务企业提供多渠道、多形式的投保选择，保证节水服务企业能够以较低的成本分散风险。二是降低保费并提高对节水服务企业的赔付额度。高额保费及低赔付率是制约节水服务企业投保的重要因素。所以要适当降低节水服务企业的投保费率，提高赔付率，扩大节水服务企业投保率，促进节水服务企业的可持续发展。三是简化理赔审核手续。建议保险公司简化理赔审核手续，为节水服务企业提供快捷、高效的保险服务。四是要重视意外灾害的事前预防工作。要加强与节水服务企业的沟通，加大回访频率，及时掌握其风险动态，增强节水服务企业防范风险的意识和能力；

要引导合同节水管理服务企业优化内部结构，创新经营模式，增强风险意识，提高节水服务企业的风险防范能力，促进合同节水项目的健康、有序发展。

第七节 培育合同节水服务市场

根据新公共管理理论，政府的职能是负责“掌舵”，节水服务企业和用水单位的职能是“划桨”。合同节水管理是节水服务企业和用水单位合作协同的节水模式，这种模式需要政府部门掌好舵，并督促检查节水服务企业和用水单位的政策执行。因此，合同节水管理的顺利实施，需要各级政府和各级水资源管理部门共同发力，积极出台相关政策，扩大合同节水产品的市场需求，提高节水服务市场的综合实力和市场竞争力，促进合同节水服务市场的健康发展。

一、扩大合同节水产品的市场需求

（一）各级政府要率先使用和推广合同节水产品

一是要积极推动政府相关部门率先使用合同节水产品和服务。要在高耗水行业与公共机构率先展开试点工作，努力将政府机构、公立学校等先行建设为合同节水管理试点示范工程，树立合同节水管理模式典范。二是要做好经验总结和推广工作。要广泛宣传合同节水管理取得的经典案例和显著成效，激发社会节水主体对合同节水服务市场的需求。

（二）鼓励各行业使用合同节水产品

一是积极推进餐饮、宾馆等行业实施节水改造工程。鼓励各地区实行差别水价制度，对特种用水执行特种水价，促进该行业节约用水，推广节水产品的使用[7]。二是大力推广绿色建筑。要积极对老旧小区进行改造，通过大力推动节水改造工程，可以促进居民生活用水的循环利用；在新建的公共建筑中所有用水设施应当换装节水装置，提升水资源的利用度，减少水资源的浪费。

二、增加合同节水产品的市场供给

（一）增加节水服务企业的供给

应当积极扶持与鼓励社会资本进入合同节水管理领域，大力支持具有创新性的节水服务企业利用其技术优势为社会提供节水服务。应积极培育节水服务行业的龙头企业，增加合同节水市场中节水服务企业的供给，推动整个节水服务行业的发展。

（二）增加合同节水产业从业人员的供给

政府相关部门要切实加强对合同节水管理从业人员的自身素质和工作能力的培训，通过对其进行定期管理和培训，切实提升其自身的能力与素质；根据实际情况构建节水服务行业从业人员资格认证管理制度，强化对合同节水管理服务企业相关人员的培训和管理。

三、促进合同节水服务市场健康发展

（一）建立规范的市场准入与退出机制

政府相关部门要研究和制定节水服务企业的准入和退出机制，将节水服务企业准入条件和要求清晰化、规范化；要加强对企业信用风险的管理，增强企业的危机意识和风险意识，保障合同节水管理市场的平稳运行。

（二）打造“企业自律、行业约束”的运行机制

节水服务企业可通过建立合同节水管理领域行业协会，制定行业规范，规范节水服务企业自身的行为。行业协会可提供技术交流、人员培训等相关服务，形成企业自律、行业自我约束的良好局面，进而促进合同节水服务市场的跨越式发展。

第八节　构建科技创新驱动支撑体系

目前我国已初步建立了合同节水管理科技支撑体系，但是也存在科技创新技术提升能力较慢、节水先进技术集成创新体系不甚健全、技术标准与计量认证体系不尽完善等问题，因而需要进一步完善合同节水管理科技支撑体系，促进合同节水管理在全国范围内的推行。

一、加强合同节水技术研发创新

（一）大力开发合同节水创新技术

由于中国存在大量的老旧小区、厂区和学校，地下输水管网情况较为复杂，地下管网的跑、冒、滴、漏等现象较为严重，节水检测设施很难对管网跑、冒、滴、漏等现象起到监控作用。因此要大力发展和创新节水技术，解决以往人工探漏效率低下的问题。要充分发挥市场这只“看不见的手”的作用，将市场机制引入合同节水管理产业中，积极鼓励企业与高校、

科研机构合作，建立产学研合作联盟，从而实现信息共享和优势互补，力促产学研合作的高效实施。同时，还应积极鼓励合同节水服务领域的龙头企业依靠其现有的技术优势，紧跟合同节水服务领域的前沿技术，围绕合同节水服务领域的现实需要，积极展开节水技术攻关，推进合同节水管理技术的创新发展。

（二）加速构建合同节水先进技术集成创新体系

要在相关政策的指引下，引导一批技术先进的节水服务企业积极推广节水技术，搭建涵盖技术推广、人员培训、市场开发、标准制定、信息共享等内容的全国合同节水管理综合信息平台。通过建立综合信息平台，能够促进科学技术向生产力转化，提升节水服务企业的核心竞争力，促进我国合同节水管理的不断发展[8]。

（三）建立合同节水技术创新战略联盟

要充分发挥节水服务企业的技术创新主体作用，鼓励构建合同节水产业技术创新战略联盟，针对合同节水服务行业的重大问题，促进联盟企业和科研机构加强合作，开展多单位协同的产学研技术创新，通过定期开展研讨交流的方式，加速技术创新和成果转化，从而增强合同节水服务企业的持续创新能力。

二、提高合同节水技术标准与实施计量认证创新

（一）提高合同节水技术标准

要通过改革创新现有评价体系，完善合同节水服务管理领域的认证认可制度；同时还要提高合同节水技术标准，这有利于加快推进合同节水产业链的整合，推动节水服务企业节水技术和产品的升级改造。

（二）实施合同节水计量认证

应积极制定和发布国家与行业节水标准，加强对计量认证方面的创新。在第一产业、第二产业、第三产业与居民生活用水领域积极开展节水产品认证工作；同时还要通过提高节水领域计量认证标准，促使节水服务企业不断提升其自主创新能力。

三、搭建合同节水管理技术标准体系框架

要建立包括基础通用类、操作规程类、测量计算类等三个部分在内的合同节水管理技术标准体系框架。基础通用类创新标准主要包括合同节水管理技术通则、项目节水量计算导则、相关术语标准等，是合同节水管理业务范围内其他标准的基础和依据。操作规程类创新标准包括水平衡测试、

节水评价、实施导则、操作指南、验收规范等，是不同模式合同节水管理项目具体实施过程的依据。测量计算类创新标准包括用水计量统计、取水定额、取水考核、计算方法等，是合同节水管理相关方获得节水效果的主要方法和手段。同时，还要配套建立公共机构、公共建筑领域、高耗水工业、服务业节水效果测量分析、高效节水灌溉、水环境治理等相关标准[9]。

四、加强用水监管平台和管理机制创新

一是融合大数据、云计算和传感器等先进智能技术，通过安装计量用水设备、自动监测系统对用水的数据进行实时记录，搭建用水管理系统和监管平台，实现对用水数据的实时监测，并根据观测的用水信息对用水量进行在线管理和实时监控，实现用水量与用水信息的在线监测和动态化管理。二是借助用水监管平台，创新用水监管和管理制度，建立长效机制，保障用水监管平台的建立和高效利用。

第九节　设计合理的水价格体系

当前，我国水资源短缺与用水浪费现象并存，因此亟须建立科学、合理以及符合社会主义市场经济要求的水价政策，规范我国水资源的开发、利用、治理、配置、节约和保护工作，促使我国供水、排水和污水处理工作进入良性循环，促进全社会形成节约和保护水资源的意识和理念，进而深入推进合同节水管理工作的有序发展。

一、稳步推进水价综合改革

（一）推进水价成本核算改革

当前我国的水价成本由水费、水利设施维护费和基础设施运行费等三个部分组成。规范的成本核算是实施水价管理的关键，水价改革跨度过大，超过了社会承载力，则会抑制产业发展的积极性；水价改革跨度过小，则水价改革就不能产生明显效果，进而影响合同节水管理的成效。因此，只有精确地核算水价改革成本，才能为后续水价的制定提供依据和基础。

（二）加强水价监控体系建设

加强水价监控体系建设对于稳定推进水价综合改革和合同节水管理至关重要。在为城市供水定价时，相关部门要依托《中华人民共和国价格法》和《政府制定价格成本监审办法》加强对供水企业的成本费用管理，要对供水企业的供水成本进行全面而准确的评估，提升城市供水价格的科

学性与合理性；同时，相关政府部门要对城市供水企业进行实时监督，并将不同时期的供水成本进行数据收集和统计，测算平均供水成本，为制定更加合理的城市供水价格提供参考。

二、建立水权转让市场与奖补激励机制

（一）健全水权转让市场

要根据水资源市场的供需关系，积极健全水权交易市场，允许水权流转及节余用水量交易，并借助市场运作，使用水单位之间根据自身用水需求在正规合法的范围内交易节余用水量。为此，应积极制定水权交易规则并且实施有效的监督，防止哄抬水权转让价格情况的发生，切实维护水权交易市场稳定、协调、健康地运转，促进水资源的合理利用。

（二）构建有效的奖补激励机制

各级财政部门可根据供水企业降耗增效目标的完成情况，研究制定奖补办法，确定奖补标准，严格考核目标，为供水企业提供必要的财政补贴。建议给予完成降耗增效任务的供水企业以一定的奖励补贴，降低或撤销未完成降耗增效任务的供水企业的财政补贴。另外，要充分保障城市低收入群体有能力承受基本生活用水的费用，建议对城市低收入群体给予用水价格补贴，所需资金可从各地困难群众基本生活救助金中统筹解决。

三、稳定终端水价

（一）采用先进的用水计量方式

目前我国用水计量的方式较为落后，用水量计算不够精确，从而影响了我国合同节水的实施效果。因此，建议在常规计量设施的基础上，加大科技投入，引进国外先进的自动化测量技术与系统，以信息化和现代化的管理手段对用水量进行精准的计量。

（二）综合考虑不同群体的水费承受力

不同群体的居民对水费的承受能力是不同的。农村地区需要使用大量的水资源用于农业灌溉，用水支出已成为农民支出的重要组成部分。而农村居民由于经济收入偏低，其对于水价的承受能力相对较弱。建议针对农村地区用水实际情况制定适合农村地区的水价政策；而对于城市居民而言，城市居民收入水平相对于农村居民普遍较高，其对于水价承受能力也相对较强，因此可以适当提高城市水价。

四、构建完善的水价定价体系

（一）设计区域差异化水价定价体系

区域经济发展水平是科学设定梯度和水价的重要考虑因素。我国经济发展“东富西贫”，东部地区的经济发展程度要明显优于中西部地区，而东部地区各地的用水需求量也比中西部地区要大很多。因此，建议在不同区域设计差异化的水价体系。

（二）建立健全地区特色水资源定价体系

我国水资源分布南多北少，东多西少，水资源分布的不均衡在一定程度上制约着当地经济的发展。各地区应根据本地区经济发展水平和水资源稀缺状况制定具有地区特色的阶梯式水价。在水资源稀缺程度较高的中西部地区，建议政府在保证民众基本生活用水的前提下，可以适当减小每一阶梯的可用水量，并提高不同梯度之间水价的跨度。

五、优化政府水价监管与动态调控机制

（一）优化政府水价监管

为确保合同节水管理工作取得成效，地方政府应尽快出台水价监管规章制度。通过有效的监督管理，增强政府对城市水价的调控力度，促进城市水价改革的顺利进行，助推城市水价改革，为顺利推进合同节水管理打下良好的基础。

（二）建立水价动态调控机制

在水价调控的过程中，相关部门应综合考虑成本变动、节水需求和用水单位的承受能力等因素，建立健全本地水价动态调整机制，建议在供水成本变动幅度超过两成时要及时启动水价调整机制。

参 考 文 献

[1] 成红，陶蕾. 我国节水立法的实证研究[J]. 河海大学学报（哲学社会科学版），2007，3：44-47，90-91.

[2] 吴海建. 辽宁省新能源产业发展的财政支持政策研究[D]. 大连：东北财经大学，2015.

[3] 万晓琴. 浅谈农业企业税收政策的财务影响[J]. 中国农业会计，2011，1：6-7.

[4] 谢永清. 税收政策如何支持新能源产业发展[J]. 湖南税务高等专科学校学报，2015，28（5）：16-17.

[5] 陈爱东，张文博. 多层面视角下西藏自治区政府采购制度存在的问题及优化路径[J]. 阿坝师范学院学报，2017，34（2）：90-94.

[6] 唐忠辉，罗琳. 推行合同节水管理的绿色金融政策分析[J]. 水利发展研究，2018，18（2）：8-11.

[7] 国家发展和改革委员会，水利部，国家税务总局. 关于推行合同节水管理促进节水服务产业发展的意见[R]. 2016.

[8] 曹淑敏. 实施创新驱动构建合同节水管理科技支撑体系[J]. 水利经济，2017，35（5）：36-38，76.

[9] 张继群，罗林，杨延龙. 合同节水管理标准体系构建[J]. 水利经济，2017，35（5）：42-44，59，77.

附　　录

河北工程大学与北京国泰合同节水管理（试点）协议

为贯彻落实习近平的“节水优先、空间均衡、系统治理、两手发力”的思路和水利部党组工作部署，充分运用市场机制推动节约用水，水利部综合事业局提出“合同节水管理”的节水创新思路。经协商论证，水利部综合事业局所属单位北京国泰新华实业有限公司与河北工程大学就开展“合同节水管理”试点，达成如下意见。

第一条　合作双方

甲方：河北工程大学
地址：河北省邯郸市光明南大街199号
负责人：哈明虎
乙方：北京国泰新华实业有限公司
住所地：北京市西城区南线阁街10号7层
法定代表人：郭路祥

第二条　合作范围

试点项目在主校区与中华南校区开展。两校区目前注册学生共31 838人，注册教职工共2046人，年用水量3 005 251吨，年用水费10 668 641元（年用水量水费统计数据见附件1）；河北工程大学是一所各方面发展日趋完善的综合性大学，学生与教职工人数相对稳定，开展合同节水管理项目试点具有代表性。

第三条　合作方式

经双方协商一致，在北京国泰节水发展有限公司（暂用名，以工商登记注册为准，简称节水公司）注册成立前，由北京国泰新华实业有限公司联合拟参股节水公司的单位作为乙方先行开展试点工作，待节水公司注册成立后，由节水公司自动承接本试点项目，无条件承担本合同乙方相应的责任、权利和义务，甲乙双方不再另行签订合同。

第四条　协议期限

自签订本协议之日起，乙方对甲方提供全方位节水系统管理服务。双方按节水效益分享方式，共享合作收益。合同期限为 6 年，即 2015 年 1 月 1 日至 2020 年 12 月 31 日。如需延长，由双方协商决定。

第五条　节水改造的主要内容

一、地上水平衡监测服务及洁具改造

1、通过水平衡监测服务，全面掌握用水现状，进行合理化分析。找出地上供水管网和设施的泄漏点，并采取修复措施，堵塞跑、冒、滴、漏。

2、供水系统检测：对原有供水系统包括消防系统管网和闸阀设施及不同用水区域、不同功能的用水进行抽样检测，全面掌握节水产品量身定制的基础资料，根据水平衡实测情况，对存在用水浪费的设施进行改造、更换。

3、量身定做或定购节水器具：根据检测报告及甲方的原有供水系统状况，对可控用水区域的每一个用水终端，进行量化设计，并安排生产制作或定购，量身定制量化节水系统。

4、用水终端改造安装：在保证节水效果的前提下，尽量不影响原有用水终端的美观，确保节水改造后的用水设备的美观实用。严格按照操作规程进行节水改造，防止人为损坏原有的用水设施。改造期间无施工噪声，不影响甲方的正常工作和生活秩序。

5、根据实际情况，采用内置式、外置式安装，产品替换或局部改造方式进行节水改造。

二、地下管网改造与检测

1、对地下管网及设施全面检漏、补漏，包括对地下管网与阀门设施进行全面系统的检测；发现跑、冒、滴、漏应协助甲方全面修复；并建立相关用水检测和维修档案。

2、对老旧地下管网（主校区及中华南校区）进行更新改造，有效降低地下管网漏失率。

三、用水监管平台建设

以在建的“河北工程大学校园公共建筑节能监管平台”为基础，拓展用水监管平台项目，重点建设数据中心部分。通过在线数据传输系统实时监控，经由监控器将信息传输至中央控制器，通过中央控制器安装的各类自动化监测软件系统对采集的数据进行实时记录，统计分析，根据反馈的信息对用水实现在线管理。

四、中水回用项目

收集校内污水、雨水，将其处理成中水用于冲厕、绿化灌溉及景观用水。本协议期限内，条件成熟时实施中水回用项目。

五、其他项目

甲方主校区和中华南校区为本试点项目的第一期工程，第二期工程对甲方家属区进行节水改造。本协议期限内，条件成熟时开始建设第二期工程。

第六条　项目运营及管护

一、项目建成后，乙方在本协议期限内负责项目的运营与管理维护，运营费用由乙方负担。

二、在本协议期限内，乙方应对安装后的节水系统进行跟踪监测及维护保养，对地下管网及时监测查漏，保证整个系统始终处于合理用水、合理节水的正常状态。

三、在合同期限内，在影响供水系统的流量及水压发生变化的情况下，甲方有告知义务。由甲方造成的节水效益损失，乙方按可参照原始数据理论结算节水效益。

四、在合同期限内，乙方提供 24 小时的技术服务。

第七条　项目投资及效益分享

一、项目投资

乙方投资包括经双方认可的工程投资、财务成本及前期费用等，准确投资额按照双方共同认可的第三方审核金额予以确认。

二、乙方承担节水改造项目工程投资及运营维护费用

乙方承担节水改造项目工程投资及运营维护费用包括与实施试点项目有关的查漏检漏、设备采购、施工安装、运行维护等。

三、节水效益的计算

根据甲方向乙方提供的原始用水资料，甲、乙双方确认如下内容。

1、人数情况：为保证用水数据的可比性、合理性，年用水人数统一按当年注册的在校学生人数与教职工人数总和计算。如注册人数发生变化，甲方应及时通知乙方。

2、水价情况：现行水价为 3.55 元/吨。

3、用水情况：详见附件 1、附件 2。

4、用水基数确定。

年用水量基数：300 万吨。

月用水量基数：附件 2 中体现的 2013 年 10 月~2014 年 9 月各月用水量。

用水人数基数：2013 年 10 月~2014 年 9 月统计期内学校注册学生与教职工数，年平均用水人数（含教职工家属）37 922 人。

$$\text{人均年用水量基数：}=\left[\frac{\text{年用水量基数}}{\text{用水人数基数}}\right]\text{（吨/年·人）}=79\text{（吨/年·人）}$$

5、节水量计算公式：

$$\text{月节水量}=\left[\text{月用水量基数}\times\frac{\text{年用水人数}}{\text{用水人数基数}}-\left(\text{月用水量}-\text{非正常用水量}\right)\right]$$

$$\text{年节水量}=\left[\left(\text{人均年用水量基数}-\frac{\text{年总用水量}-\text{非正常用水量}}{\text{年用水人数}}\right)\times\text{年用水人数}\right]$$

$$\text{年度总节水量核算校核值}=\left[\text{年节水量}-\sum_{1-12}\text{月节水量}\right]$$

其中，节水量以年度总节水量为准。

6、节水效益核算办法

节水效益=节水量×当期水价

7、在本协议期限内，若遇水价调整时，按照调价后的水价核算节水效益。

8、因为在确定用水基数时没有考虑寒暑假因素，故在结算期内，也不考虑寒暑假因素，按每年 12 个月核算节水效益。

9、在每个结算期，甲方额外增加用水时，需由甲方单独装表计量，

计入结算。

四、节水效益分享方案

考虑到本试点为合同节水管理的首个试点，甲方积极响应中央节水号召，并愿意为节水试点承担风险，在工作过程中积极配合乙方并给予大力支持，在节水效益分享上区别于合同节水管理一般分享模式。

经双方共同确认，项目投资本息及年度运行费用由前三年即2015年、2016年、2017年的实际节水效益偿付；在后三年即2018年、2019年、2020年，双方约定乙方总投资年化收益率为15%，由节水效益承担，在扣除年度运行成本后剩余的节水效益按如下比例分配。

2018年：甲方××%，乙方××%。

2019年：甲方××%，乙方××%。

2020年：甲方××%，乙方××%。

五、节水效益分享时间

考虑甲方水费结算为月结制，自乙方完成洁具改造系统工程并经甲方验收合格后次月起，开始按月计算节水量及当月节水效益，具体结算约定如下。

1、在本协议期内，节水效益按实际缴纳水费月度结算分配。在甲方交付水费后，按该结算期的水费单据，结算当期节水效益，按约定向乙方偿付节水投资或分享节水效益，乙方向甲方提供发票。

2、在本协议期限内，每年进行一次年度总节水效益计算，每月节水效益之和与年度总节水效益之间的差额，在次年第一季度节水效益分配中予以调整。

六、付费方式

甲方在收到水费单据后5个工作日内计算出节水效益，并在约定结算期结算后5个工作日内将相应费用电汇到乙方指定的银行账户。

为保证合同节水管理项目的顺利实施和双方的利益，双方认为本项目的分享比例是原则性的，本协议履行中，根据项目实际投资、收益情况，甲乙双方可协商调整上述分享比例或本协议期限，并另行签订补充协议。

第八条　甲方义务

一、甲方保证本协议签订前向乙方提供的用水和人数数据及相关材料真实、可靠。

二、甲方负责向乙方提供供水网络的详细情况，以保证乙方获得有效的施工位置，并为乙方施工提供便利条件。

三、本协议期限内，甲方应向乙方提供真实和详细的用水数据。

四、本协议期限内，甲方应协助对供水系统中跑、冒、滴、漏的情况进行监测，发现意外情况及时向乙方通报，以保障节水系统的正常运行。

五、在本协议期限内，甲方如有新扩建施工、新增建筑设施或其他计划外用水时，应加装水表，单独计量，酌情重新确定节水效益计算方案，或纳入当期节水效益结算。

六、当发生大量消防用水、供水管道爆管等不可抗力原因影响节水效益结算时，参照前期平均节水数据，核算节水效益，直到正常供水为止。出现类似突发事件情况时，甲方应协助乙方做好检漏补漏工作。

七、甲方不得私自向其他用水单位转供水，以影响节水效益计算结果。

八、甲方应保证乙方按时得到节水效益的分成比例，使乙方能够对节水系统进行持续的维护工作。

第九条 乙方义务

一、乙方应对甲方原有供水系统进行全面的检测调查，并向甲方提供用水系统的检测报告，评估甲方原有供水系统可节水的空间，以供甲方参考使用。

二、乙方按照施工设计方案全部承担节水系统改造工程的费用，并保证在约定期限内完成甲方用水系统的节水改造。

三、乙方应承担节水工程中的地下管网检漏、查漏、补漏及更新改造工作，确保节水效果，因此所产生的全部费用都由乙方承担。

四、乙方应保证工程质量，使用施工设计方案约定的安装材料。

五、乙方应保证在施工时不影响甲方的正常工作。

六、乙方应负责对安装后的节水系统进行跟踪监测，发现问题及时整改。

七、当甲方新增建筑设施或其他原因影响供水系统的流量、水压发生变化的时候，乙方应及时对整个系统做重新调整，更换配置。

八、乙方确认，本协议期满或因正当事由提前终止，乙方投资的全部设备资产归甲方所有。

九、乙方应保证施工、运营、维护安全，在其施工、运营、维护过程中或因节水系统、设备发生的一切安全事件及相应损失、责任，全部由乙方自行承担。

第十条　违约责任

一、甲方如没有按规定期限将乙方应得节水效益分成汇至乙方账户，乙方有权向甲方索取该期节水效益总额每日1%的滞纳金。乙方如没有按规定期限完成节水改造系统或不履行本协议项下义务的，甲方有权终止本协议。

二、在本协议履行过程中，如甲方提供虚假用水数据，或由甲方责任造成节水效益无法正常计算，乙方有权按前期平均节水数据结算节水效益，无前期数据的，按理论计算方式结算。

三、在本协议正常履行的情况下，如若节水效益状况无法取得预期效果，乙方不得以任何缘由撤出投资及一切设备，也不得向甲方收取任何费用。

四、在本协议期限内，如遇不可抗力情况，甲乙双方可以协商变更或终止本协议，但未经甲方同意，乙方不得擅自撤出投资及一切设备。

第十一条　争议解决

凡由本合同引起的或与本合同有关的任何争议，双方应协商解决，协商不成的，任何一方可以向合同履行地法院起诉。

第十二条　其他

一、双方对本协议的变更或补充应采用书面形式订立，并作为本协议的附件。

二、本协议的附件与本协议具有同等的法律效力。

三、本协议自签订之日起开始生效。

四、本合同一式四份，甲、乙双方各执两份。

[本行以下，无正文]

甲方（公章）：	乙方（公章）：
代表人（签字或盖章）：	代表人（签字或盖章）：
日期：	日期：

附件 1：河北工程大学年用水量水费统计表

统计区域	建筑面积/米 ^{2}	学生人数/人	家属院住户/户	用水量/吨	单价/元	金额/元
主校区	563 707	26 852	1 323	2 364 811	3.55	8 395 079
中华南校区	121 314	4 986	471	640 440	3.55	2 273 562
合计	685 021	31 838	1 794	3 005 251		10 668 641

附件 2：河北工程大学月用水量水费统计表

时间	中华南校区		主校区		两个校区合计	
	水量/吨	水费/元	水量/吨	水费/元	水量/吨	水费/元
2013 年 10 月	55 199	195 958	185 122	657 183	240 321	853 141
2013 年 11 月	47 497	168 614	237 073	841 609	284 570	1 010 223
2013 年 12 月	52 544	186 533	255 542	907 174	308 086	1 093 707
2014 年 1 月	57 070	202 599	197 318	700 479	254 388	903 077
2014 年 2 月	53 720	190 705	148 034	525 521	201 754	716 225
2014 年 3 月	55 176	195 875	181 032	642 664	236 208	838 538
2014 年 4 月	60 119	213 421	223 574	793 688	283 693	1 007 109
2014 年 5 月	62 158	220 659	168 196	597 096	230 354	817 755
2014 年 6 月	59 041	209 596	215 404	764 684	274 445	974 280
2014 年 7 月	54 198	192 403	205 936	731 073	260 134	923 476
2014 年 8 月	43 108	153 033	131 072	465 306	174 180	618 339
2014 年 9 月	40 611	144 168	216 508	768 603	257 119	912 770
合计	640 440	2 273 562	2 364 811	8 395 079	3 005 251	10 668 641